中国古代冶铜技术的萌生与早期发展

Emergence and Early Development of Copper Metallurgy Technology in Ancient China

毛卫民　李一鸣　王开平　编著

北　京
冶　金　工　业　出　版　社
2025

内 容 提 要

人类文明社会发展经历的石器时代、铜器时代、铁器时代也是人类利用材料进行生产、生活并不断进步的时代。人工冶铜技术的出现是人类社会进入文明时代的重要物质基础。

本书通过5章内容，详尽分析论证了文明时代来临之前中国各地遍布铜矿资源；中国高温烧制陶器技术具备了发明本土人工冶铜技术的基本条件和潜在能力；实证了公元前3000年之前中国多地出现了人工冶铜技术制作的铜器，促使中国进入发达的铜器时代；阐述了喜马拉雅山脉地壳运动带动青藏高原和帕米尔高原一万多年以来隆升所导致的中亚和南亚大范围的沙漠地带，阻断了公元纪年前东西方人类族群交流往来，因而迄今为止尚无法证实中国早期冶铜技术源自西亚的理念。

本书可供冶金考古研究人士、社会科学学者、中国文化研究者、冶金行业从业者，以及对中国青铜器和对中国文明历史感兴趣的广大读者阅读参考。

图书在版编目（CIP）数据

中国古代冶铜技术的萌生与早期发展 / 毛卫民，李一鸣，王开平编著. -- 北京 : 冶金工业出版社，2025. 3. -- ISBN 978-7-5240-0114-0

Ⅰ. TF811-092

中国国家版本馆 CIP 数据核字第 2025ES2196 号

中国古代冶铜技术的萌生与早期发展

审图号：GS 京（2024）2735 号

出版发行 冶金工业出版社 **电　　话**（010）64027926
地　　址 北京市东城区嵩祝院北巷 39 号 **邮　　编** 100009
网　　址 www. mip1953. com **电子信箱** service@ mip1953. com

责任编辑 杨盈园 刘 博 张 卫 美术编辑 彭子赫 版式设计 郑小利
责任校对 梅雨晴 责任印制 窦 唯

三河市双峰印刷装订有限公司印刷

2025 年 3 月第 1 版，2025 年 3 月第 1 次印刷

710mm × 1000mm 1/16；10. 25 印张；176 千字；154 页

定价 88. 00 元

投稿电话 （010）64027932 投稿信箱 tougao@ cnmip. com. cn
营销中心电话 （010）64044283
冶金工业出版社天猫旗舰店 yjgycbs. tmall. com
（本书如有印装质量问题，本社营销中心负责退换）

前　言

中国考古发现的成就证实了中华民族有着百万年的人类史、一万年的文化史、五千多年的文明史，是世界上唯一绵延不断且以国家形态发展至今的文明。

新石器时期，人类社会就开始用自然铜制作工具，随后又掌握了借助烧烤或加热的方式把铜矿石转变成铜的技术，称为冶铜技术。人类经历了冶铜技术的早期发展，且在铜器使用逐渐普及的情况下，在今天中国的地理范围内孕育出了中华文明。在起伏发展了两千多年并实现了繁荣而发达的青铜时代，或称铜器时代之后，中华文明逐渐崛起。约公元前3000年文明之初，中国各地的社会生产力所能实现的经济状态除了大体维持各地族群的温饱生活之外，还有所超越，即达到了温饱有余的水平。然而，初期的经济能力虽然维持了基本的温饱水平，但其有余的提升幅度却非常有限，由此中华文明形成了追求族群间互相融合的特征。世界各地文明的萌生和发展均基于各自不同的客观地理环境和历史条件，并导致了文明特征上的差异；中华文明的融合特征就明显有别于世界其他地区一些文明的特征。文明特征与冶铜技术的早期发展也有一定关联，值得深入地了解、探索和研究。

人类社会的冶金发展史涉及科学技术史的学科范围，包括冶铜在内，从学科分类上，属于人文社会学科；但其中的冶金技术发展问题又涉及了工程学领域，因此科技史的研究覆盖并跨越了人文社科和自然科技两大学科的范围。世界各地的人类社会都经历了石器时代、铜器时代（青铜时代）、铁器时代等人类社会发展的不同历史阶段，而其中的石器、铜器、铁器等器具的制作又是科技工程的问题。如果单纯从人文社会学科的角度观察人类使用的器具与相应历史发展的关系，就难免偶然出现一些不符合科学原理的偏颇认识与观念。例如，有历史学者会认为，石质农具并不比青铜农具差；再如，中国自东汉以来就有“百炼钢”技术，并由此引申出“千锤百炼”“百炼成钢”等成语，但有人文学者却认为，中国在锻铁技术方面长期落后于西方，而实际上工业革命之前中国整体的冶铁制钢技术始终明显领先于西方社会。如果不能适当兼顾并合理结合人文社科和自然科技两方面的基本理念和知识，尤其是若未能足够重视从自然科学角度所进行的技术考证，其论证就难免会造成对人类社会发展历史的某些误判。

中世纪末期以后，欧洲的文艺复兴和启蒙运动等活跃思想文化与先发的科学技术推动了西方社会的工业革命进程，随后西方各国综合国力日益强大，其思想意识对全球的影响也越来越大，以致西方社会对周围世界的各种认知往往成为先进的理念和国际的标准且逐渐被各非西方国家认可。工业革命之后，西方社会向全世界传播的理念和知识体系可以粗略地划分为自然科学知识和人文社会科学知识两大类。一般来说，西方在自然科学和工程技术方面的知识通常涉及的是比较客观的、普遍适用的规律和认知，推广到世界各地后往往不会产生大的争议。在自然科学和工程技术领域的大幅度领先也是长期以来西方社会保持强大和发达地位的基础。然而，人文社会科学方面的知识通常会受限于知识承载者和传播者的主观意识，并不完全是客观的；也就是说人文社会科学知识承载者的文明背景及其文明特征等主观因素会对其相关知识的内容结构、观察视角、判断标准的形成等诸多方面产生重要影响。在西方强大而发达地位的笼罩下，伴随其自然科学技术知识一起向非西方社会扩张的、夹带着西方历史文化主观视角的大量社会科学知识，也往往被认为是普遍适用的。对比和观察了世界各地文明不同的发展历史及各自不同的特性后，人们在近几十年逐渐体会到西方在人文社会科学领域的认知并非总是具备普适性。人们在社会科学领域中谈到的“国际共识”，往往仅是基于西方文明理念的那些共识，未必都适用于经历了不同历史文化过程的非西方国家。

自英国工业革命以来欧洲各国在环地中海地区展开了大规模的考古发掘，并震惊于西亚苏美尔文明和北非古埃及文明历史上曾经的辉煌和发达，发现了人类最早的冶铜技术起源于西亚并随后逐步传向欧洲，也逐步厘清了这些古老文明对西方文明的前身，即古希腊文明的影响，以及相互的传承关系。鉴于当时的工业革命给欧洲带来的发达地位，欧洲人自然而然地会出现一种认知：古埃及文明和苏美尔文明不仅影响到了西方文明，也应是世界其他文明的源泉，即环地中海地区是世界文明的中心；同时，偏主观地判定，全世界的冶铜技术均应源自西亚。在上述主观理念的影响下，西方历史学界难免会认为，环地中海地区优越于其他落后地区，继而懈怠于科学严谨地看待当时考古挖掘研究尚且落后地区的历史研究及其考古发掘成果。20 世纪初，当西方学者来到中国进行考古研究并取得一定考古成果后，就提出了中华文明源自或传承自环地中海地区的观念，即“中华文明西来说”。然而后来大量的考古研究证据却表明，中华文明是本土自生的。由此可见，如果在社会科学领域如同在自然科学领域那样，盲目按照欧洲相关学术界的理念来阐述和理解非欧洲国家的历史文化，就难免出现水土不服，甚至会做出错误的解读。

尽管“中华文明西来说”并不成立，但并不妨碍西方学者继续提出，中国早期的冶铜技术来自西亚，即中国冶铜技术“西来说”，并延续传播。目前虽然不能完全排除这种“西来说”的可能性，但这一设想尚不具备能够成立的充分证据。

有鉴于此，本书围绕中国古代冶铜技术萌生与早期发展这一与中华文明的萌生与文明特征密切相关的问题，尽可能客观地观察、梳理和分析中国早期人工冶铜技术发生和发展的基本过程。本书在多处分析和探讨了西方文明区，即环地中海文明区与东方文明区相对独立地、各自保持其特色地发展了几千年，进而在一些范围形成了各自独立且不能互相简单套用的规律，同时观察了人工冶铜技术的出现与中华文明融合特征的联系。书中着重探讨了中国早期发展冶铜技术的环境背景和种种优势、早期铜器的种类与当地铜矿石化学成分之间的关系、中国古代冶铜技术“西来说”所需面对的主要障碍、中国是否存在“铜石并用时代”、中华文明初期“温饱有余”的生存状态，以及观察人工冶铜文物方面的一些尚存认知空缺等。在分析整理文献的过程中，会关注到某些考古成果的表述或许不够严谨而尽力避免受到误导，但也不因一些考古成果的不完美性而轻易地加以全面否定。

北京科技大学科技史与文化遗产研究院潜伟、陈坤龙、李延祥诸教授拨冗提供了宝贵的咨询意见，使作者受益匪浅，在此谨对三位教授所提供的帮助致以诚挚的谢意！河南科技大学朱宏喜博士为本书提供了若干铜器的图片，西安科技大学地质博物馆张慧婷老师以及长安大学地质博物馆张宝文老师在作者收集铜矿资源信息方面提供了有力的协助与支持，中国石油大学（华东）地质博物馆于翠玲老师为本书提供了镍黄铜矿的图片，在此作者谨对诸位老师的帮助表示衷心的感谢！作者感谢王学宏与王学林两位先生提供关于古埃及建筑的图片。此外，作者感谢内蒙古科技大学“高端特钢重大装备服役环境对材料性能作用规律研究”项目对本书出版所提供的资助。

作者尽己所能，收集、归纳了已发表的考古成果，在国内外博物院馆广泛调研了考古文物并加以综合整理。因专业学识所限，文稿内容难免有所偏差和谬误，还请读者予以批评指正。作者希望能为普通公众奉献一本科普性的读物，也希望为历史学、考古学的研究者提供些许非专业性的参考。

作　者

2024 年 12 月

目　录

1 铜器时代与世界文明

1.1 铜器时代与铜

石料、泥土、铜、铁等物质都属于人类在萌生和发展的各个历史阶段曾经或正在使用的材料。材料是人类用以制造有用物件的物质，正是加工材料、制作工具以提高生存能力的劳动创造了人类[1]。当人类完成了从古猿向现代人的转变之后，铜就成为对人类文明产生重要影响的材料。19 世纪初期，许多欧洲人都在思考人类以制作和使用石器、铜器、青铜器、铁器为主的历史阶段及相应的时代特征，相关的学者包括丹麦的西蒙森、法国的茹阿、瑞典的布鲁塞柳斯、波兰的布什钦等[2]。1836 年丹麦国家博物馆学者汤姆森在《北方古物指南》一书中具体阐述了人类经历过石器时代、铜器时代（青铜时代）、铁器时代的“三个时代”说，因而首先提出了“铜器时代”的概念[3]。汤姆森所提出的石器时代包括了，自古猿开始向人类转变早期的旧石器时代和随后的新石器时代两个阶段[4]；而铜器时代大体指，自人类掌握了人工冶铜技术且使用铜器的行为在人类社会逐渐普及之后，直到出现人工冶铁技术且铁器开始大范围取代铜器之前的历史阶段。铁器时代则紧随铜器时代之后。这里，人工冶铜技术中的“人工”一词在于强调当时人们制造铜器所用的原料不是来自天然的金属铜，另外，“人工”一词也凸显原始的技术状态而非现代大工业化的铜冶金技术。

美国人类学家摩尔根按照时间的先后顺序，把自出现人类社会以来至今的历史过程划分成了蒙昧时代、野蛮时代和文明时代三个阶段。自距今 200 多万年以前人类开始萌生至 1 万多年前完成向现代人类转变的阶段是人类的蒙昧时代。当时，除了木质工具以外，人类制造和使用的工具主要是各种类型的石质工具，且石质工具的形状往往显得比较粗糙，因此蒙昧时代也被称为旧石器时代；在蒙昧时代，世界各地均有大量的人类族群最终走向了灭亡。由此可见，人类社会在蒙昧时代的奋斗目标是努力改变人类自身，以便适应严酷的自然环境并最终生存下来[5]。距今1万多年前蒙昧时代结束，欧亚非大陆各地进入野蛮时代的人类族群在自然界的生存能力明显提高，能够保证基本的族群生存，但始终是居无定所、衣不蔽体、饥肠辘辘。有鉴于此，自野蛮时代开始各地人类族群转而逐步发展农牧业生产，同时借助聚集建房改为定居生活、并制衣遮体以抵御雨露风寒，这些都体现了人类为确保温饱生活而作的种种努力，因此在野蛮时代人类社会的奋斗目标是继续努力提高并改善在自然界中的生存能力，以期实现温饱的生活[5]。在野蛮时代人类大多使用精细加工的石质工具，还创造出了陶器等新型的石器，进一步提高了在自然界中的生存能力，因此野蛮时代也被称为新石器时代[4]。约公元前4千纪（公元前4000年至公元前3000年），欧亚非广大地区的众多人类族群大体实现了维持基本温饱的生存能力，因而野蛮时代逐渐结束。

铜是人类最早用来大量制作工具的金属。以铜为主要化学成分，并含有适量其他化学元素的金属称为铜合金。如果主要化学成分是铜元素，其他化学元素总量非常少的金属称为纯铜，纯铜的外观颜色偏红，因此也称为红铜；含有适量镍的铜合金颜色偏白，称为白铜；含有适量锌的铜合金颜色偏黄，称为黄铜。传统上，把含有适量锡的铜合金称为青铜，但如今把含有适量除镍或锌以外的其他化学元素的铜合金都称为青铜。例如，含有适量锡的铜合金称为锡青铜，含有适量砷的铜合金称为砷青铜，或简称为砷铜[6]。野蛮时代末期，欧亚非各地的人类族群先后掌握了人工冶铜技术。

铜器时代早期的某一阶段，由于在所获得的天然金属状态的铜、铜矿石资源、人工冶铜的技术基础，以及冶铜能力发展方面的种种差异，可能一些地域所制作和使用的主要是红铜器，因而该地域的这个时段或称为是红铜时代；而另一些地区所制作和使用的主要是青铜器，由此该地域的这个时段则被称为青铜时代。由于世界各地在铜器时代所使用的铜器大多属于青铜，因此在考古学领域经常把这个时代称为青铜时代。不论是红铜、青铜、还是其他涉及铜的时代，都涉及了冶炼和使用各种铜器。本书作为科普读物，为方便和简化普通公众了解人类早期使用各种铜器的历史，把各种涉及以使用铜器为主的时代统一归属到铜器时代这个大的时间概念之内。人类社会在野蛮时代末期大体实现了温饱生活的能力之后，自然会继续追求温饱有余的经济能力，铜器的出现及其使用的逐步普及非常有利于在维持温饱的基础上再进一步实现温饱有余的水平，因而对人类社会进入文明时代发挥了重要的推动作用。

1.2　石器与铜器

制作和使用工具是自人类萌生以来区别于其他动物的核心标志之一，借此人类社会得以在不断变化的自然环境中维持生产、生活，进而生存、发展。旧石器时代初期各地人类制作的石质工具的尺寸大多刚好适合用手把握，便于狩猎和切割食物；但工具的外形比较粗糙、笨重，且手持时并不很舒适（见图 1.1a、b）。旧石器时代晚期，人类制作的石质工具逐渐变得比较小巧、精细，工具表面大多因经过磨制加工而变得比较平整、便于手持，称为磨制石器（见图 1.1c、d）。到新石器时代，许多石质工具都需经过精细的磨削加工，以致表面变得非常光滑，进一步提高了使用效率，称为磨光石器（见图 1.1e、f）[4]，多用于农耕生产和建造房屋。在新石器时代世界各地的人类族群均发明了制作陶器的技能，所制作各种类型的陶器大多为容器，用于满足存粮、蓄水、储种、育苗、饲养、炊饮等农牧生产和定居生活等方面的需求（见图 1.1g、h）。

生存于旧石器时代自然环境中的人类族群可以随处获得所需的石料，随时取来制作各种工具；在新石器时代同样可以随处获得泥土和水等制作陶器的原料，只要掌握了用火的技术就可以烧制出各种陶器。居住于全世界各地族群所能接触到的、制作石质工具和陶器时所需的石料、泥土、水等原料并不存在什么明显的差别。尽管不同地区所制造出石质工具和陶器的形制会受到人类社会地域文化的影响，但由于使用的目的基本一致，因此各地所制作出来的石质工具和陶器并不会呈现出本质性的差异[7]。图 1.1 给出的一些简单实例，展示出了石器时代中国和环地中海地区各地人类族群制作的石质器具，包括狩猎用的砍砸器，切割用的刮削器、手斧、石刀，建房用的石斧，取水储物用的陶罐等，从中可以观察到，尽管地域相隔十分遥远，或没有可能相互间进行交流与传授，但中国和环地中海地区各地出土的这些器具在形貌上与使用功能上并未表现出很大的不同。

与石器相比较，铜器具有明显的性能优势。因此，人工冶铜技术的发明，以及铜器使用的普及导致了人类社会历史进程发生了重大的转变。现借助一个简单的性能对比实例，观察一下为什么铜器的出现和使用对人类社会发展有如此重要的意义。

(a)
(b)
(c)
(d)
(e)
(f)

(g) (h)

扫一扫看彩图

图 1.1 石器时代中国和环地中海地区各地人类族群制作的各类石质器具举例
a—约 230 万年前安徽繁昌人字洞的刮削器（安徽博物馆）；
b—约 200 万年前沙特舒维希亚的斧状砍砸器（中国国家博物馆沙特出土文物展）；
c—约 12 万年前山西襄汾丁村磨制手斧（中国国家博物馆）；
d—约 10 万年前沙特伯希玛磨制石刀（中国国家博物馆沙特出土文物展）；
e—约 7500 年前甘肃秦安大地湾磨光石斧（甘肃省博物馆）；
f—约 6900 年前希腊塞萨利磨光石斧（希腊国家考古博物馆）；
g—公元前 5600 年至公元前 4000 年宁夏固原店河储藏陶罐（宁夏博物馆）；
h—公元前 4200 年至公元前 3500 年德国科隆地区储藏陶罐（德国科隆罗马日耳曼博物馆）

基于对定居生活的追求，进入新石器时代的人们需要搭建房屋，而石凿则是必不可少的常用工具。新石器时代晚期，一个制作精良的磨光石凿的宽厚尺寸通常约 2 厘米（见图 1.2a），如果制作得太细，那么不仅磨光加工会过度耗时、大幅降低制作效率，而且因石器较脆，容易在加工和使用时发生脆断，进而降低成品率和使用寿命。而在铜器时代，一个铜凿的截面积通常仅为石凿的几分之一(见图 1.2b)。铜器的质量密度大约为石器的 3 倍，明显减小的截面积会使铜凿的重量显著低于石凿、使用起来非常轻巧。在打凿木料时，铜凿较小的截面积会大幅减小凿入阻力，因而明显降低劳动强度、提高工作效率。打凿木料反复遇到阻碍或碰到硬物时，脆性的石凿易于发生破损、剥落，甚至折断，而一旦折断只能废弃，并需更换新的石凿。与之相比，铜凿会呈现出良好的韧性，更能够承受反复的阻碍和硬物碰撞。强力碰撞超过其承受能力时，铜凿会因其所具备的延展性而发生折弯变形，经后续捶打伸直即可继续使用。如果根据已有的经验在捶打后适当烘烤加热，铜凿还可恢复其原有的柔韧特征。即便经多次使用造成铜凿折断，其小断片也可以加工成其他小铜器使用或直接加热熔化后再制成新的铜器，因此可以反复再利用。从制造成本上看，制造石凿前需先选择石块并制作成坯料，然后经过非常耗时的磨光加工才能使用。然而，一旦掌握了人工冶铜技能就可以发现，制作铜凿不仅成本低，而且成功率高。综上可以看出，与石器相比，铜器更加精巧、轻便、耐久、综合性能优良、不易损坏、可反复使用和再回收，且这些优势涉及几乎所有类型的铜器[8]。因此，铜器的综合优点是石器无法比拟的。一旦大规模出现铜器，人类在经济和技术层面必然跨入一个新的时代。

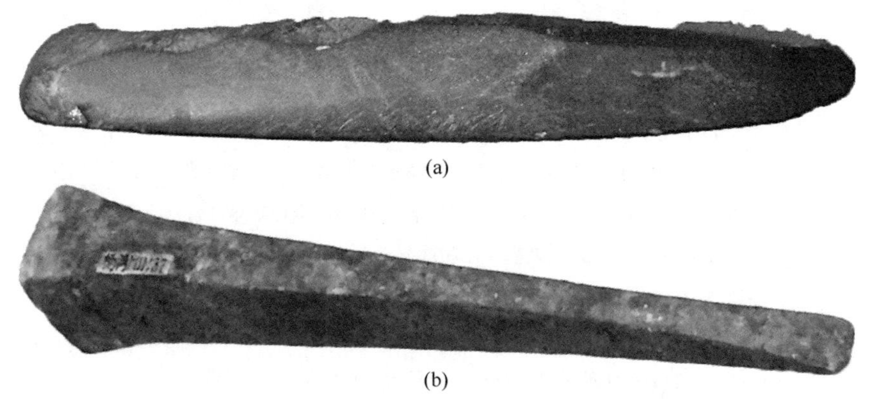

(a)

(b)

图 1.2　石器时代石凿与铜器时代铜凿的对比

a—约公元前 3000 年青海石凿（青海省博物馆）；

b—约公元前 1500 年湖北武汉黄陂盘龙城铜凿（湖北省博物馆）

1.3　铜器与文明时代

在野蛮时代，人类社会努力的目标是实现温饱的生活，而能够综合衡量温饱生活水平的则是社会的生产力，即经济能力；野蛮时代末期各地人类族群均逐渐达到了维持温饱生活的经济能力[5]。人工冶铜技术的发明以及铜器使用的普及无疑会进一步提升社会生产力，进而达到温饱有余的经济能力，从而为人类社会进入文明时代奠定了基础。

通过考古挖掘与研究，人们在西亚两河流域周边的伊朗、叙利亚等多地发现了早期（约公元前 4500 年至公元前 3100 年）人工冶铜技术和使用铜器的痕迹，约公元前 3500 年至公元前 3200 年在该地区萌生了最早的苏美尔文明；约公元前 4000 年北非古埃及地区出现了人工冶铜技术，约公元前 3200 年至公元前 3100 年在尼罗河地区萌生了古埃及文明。同样通过考古挖掘与研究，人们在东亚区域发现约公元前 4700 年位于东亚的陕西临潼姜寨出现了人工冶铜迹象，约公元前 3000 年黄河流域萌生了中华文明。考古发现了约公元前 2500 年在南亚印度河流域出现了人工制作的铜器，随后该地区出现了古印度文明[9]。由此可见，所有欧亚非地区古老文明萌生以及人类社会得以进入文明时代之前，相应地区已经出现了人工冶铜技术，反映出人工冶铜技术与萌生文明某种内在的相关性。

在界定文明时代时，人们通常会罗列出文明社会发展状态的重要标志和特征，诸如，铜器的使用及其对生产力的提高、劳动能力提高到除维持自身生存还有剩余的水平，社会开始分工，商品进行交换，城镇兴起，出现系统性文字，私有制、阶级、国家、兵器与掠夺等[10-12]。同时认为，开始具有这些特征的人类社会就说明它已进入文明时代。但这些观察和阐述并未能直接、清晰地揭示出文明时代的核心本质。另外，不同地区的文明特征难免会呈现显著差异，例如游牧民族形成的文明就难有城镇兴起的现象，因此仅仅平行地罗列出上述种种社会特征难以对文明时代的出现及其定义做出准确的判定。

如上所述，文明时代的社会生产力实现了温饱有余的水平，显著区别于仅追求实现温饱的野蛮时代，即经济能力水平应该是判断人类社会发展到何种状态的核心基础。而铜器的推广使用对经济能力的提高必然会发挥重要作用，即会积极促进人类社会进入文明时代。在所出土的约 5000 块公元前 3200 年至公元前 2900 年苏美尔文明时期最早用楔形文字书写的泥板中，85% 的泥板文字都是对当时社会经济事物的描述[13]，证明初步进入文明时代的人类所关注的核心问题是社会经济的运转，即经济水平是进入文明时代的关键性基础。约公元前 3000 年的楔形文字中也已存在表示各种铜工具和铜容器的系统性象形文字[14]，证实了普遍使用铜器对发展经济和进入文明时代所发挥的重要作用。

温饱有余的生产力说明，人的劳动能力已超越维持自身温饱的需求，以至劳动力可以大量花费于非温饱所必需的、其他性质的劳动。由此，人类的生存形态和社会结构会发生一系列的变化[15]。首先，并不需要所有人都从事满足温饱的劳动，且人们会出现温饱以外的需求，因而一部分人会转而从事各种超越温饱需求的手工业劳动，以满足人类社会更多方面的需求，由此形成了社会分工[16]。社会分工导致不同类型的劳动成果需以交换的方式与他人分享，这种交换需要通过随之出现的集市、商业和贸易行为完成。逐渐发达的集市和商贸不可避免地导致人类族群以更大规模聚集的方式生活，由此城镇兴起，尤其在农耕地区出现了较大的城市。不断增长的经济能力使得人类积累了大量生产、生活方面的知识，并需要保留、交流、传播。大规模的聚集生活也需要超越面对面交流的局限，以更高效、更广泛的方式交流信息。因此，原有零碎、分散、多样化的文字逐渐转变成了统一的系统性文字。温饱有余的生产能力可造成多余财富的积累和财富的归属问题，因而出现了私有制。当时的分配制度往往会导致，从事不同劳动或承担不同社会责任的人们所支配的财富并不相同，这种差异的积累就会使人类族群中出现不同的阶层。对较大的城市集镇需要有效地管理，不均衡的财富分配易引起社会的动荡，需要一定的强力机构加以控制，因此出现了国家形态的管理机构；社会分工中也出现了专职协助强力管理的士兵和军队。多余劳动成果的积累及劳动者们多余的劳动能力，为强势族群借助掠夺其他族群劳动成果致富提供了驱动力，也为奴役其他族群民众攫取其多余的劳动能力奠定了基础。因此，人类社会中出现了族群间的掠夺战争和进一步盘剥被征服族群劳动力的奴隶制社会。发动战争需要一种新的工具，即特别适合用铜器制作的铜兵器[4]。由此可见，正是普遍使用铜器所导致生产力的“有余”水平造成了文明时代的种种特征。

综上所述，可以对文明时代给出如下简洁的阐述：文明时代通常是指在广泛使用铜器的推动下，人类社会生产力达到温饱有余水平后，所开启的一个呈现出上述多种新型社会特征的时代[15]。显而易见，一个地区进入文明时代时所能呈现出的种种社会特征和现象未必会面面俱到，而且进入文明时代的各地不同社会所表现出文明社会的特征也未必需要千篇一律。在观察和分析了全世界所有早期和晚期出现的文明后发现，除了欧亚非地区那些对今天的世界发挥多重主导性影响的早期文明，世界上也存在一些晚期的文明，其萌生时未必普及了铜器的使用[17]。然而在未使用铜器的条件下，社会生产力的发展必定是比较缓慢的，或许是导致这些文明萌生较晚的原因。总而言之，是社会生产力所支撑的经济和物质等客观条件达到了温饱有余的水平，才导致了文明时代的出现，以及文明时代种种社会学现象、行为和特征，不论它们是世界不同文明所共有的，还是非共有的现象、行为和特征。

1.4 延续至今的人类古代文明

约公元前 10 世纪世界各地逐渐进入了铁器时代，在此之前萌生的文明可称为古代文明；公元前 30—40 世纪世界各地先后进入了铜器时代，此阶段萌生的文明可称为远古文明。1900年，中国著名学者梁启超在其“二十世纪太平洋歌”中述称：“地球上古文明祖国有四：中国、印度、埃及、小亚细亚是也”[18]。这就是人们经常提及的“四大文明古国”的来源，涉及黄河流域的中国、印度河流域的古印度、尼罗河流域的古埃及，以及小亚细亚地区两河流域的苏美尔等四个文明，也会因处于河流地区而被称为大河文明[19]。其中，古印度、古埃及、苏美尔三个文明已经消失，只有中国的中华文明一直延续至今。

然而，以古希腊文明为前身的西方文明对人类社会的历史发展曾发挥过[20]乃至今日一直发挥着极为重要的作用，因此许多学者在探讨人类古代文明时也不可避免地设置了关于南欧地区文明历史的论述。在西方社会的文明史研究中，古希腊、古罗马等早期西方文明的发展更是占据了核心的位置[21]。与之相适应，在古代文明历史的研究中出现了五大文明说[22]，即在古印度、古埃及、苏美尔、中国的基础上增列了古希腊文明和随后的古罗马文明；古希腊文明及其后持续延伸至今的西方文明也被称为海洋文明[19]。

参照文献提供的信息[23]以及历史、考古的认知，图1.3粗略而简洁地展示了全世界各地曾经出现过的文明、随时间的延续及各文明之间相互的演变联系。根据图1.3能够确认的是，公元前3000年或更早的时期出现的文明包括：远古埃及文明、远古苏美尔文明、远古印度文明、远古阶段的中华文明。可见，梁启超所谈论的四大文明古国，实际上涉及的是世界上已知的四个远古文明，及其后续的演变。

在图1.3中不仅可以看到著名的四大远古文明，也可看到一些熟知或不太熟悉的文明，包括克里特文明、迈锡尼文明、古希腊文明、古罗马文明、波斯文明，以及赫梯、亚述、雅利安、以色列、日耳曼、西域、匈奴、月氏、朝鲜、日本、印第安等地区或民族的文明。另外，还存在许许多多未能提及名称的阶段性、时限性、地域性、跨地域性文明的名称[23]。总体上观察图1.3可以发现，历史上出现的众多古代文明大体上涉及了两个大的文明区：一个在西亚、北非、南欧等环地中海文明区；另一个以东亚为中心，还可包括北亚、东北亚、东南亚，为东方文明区。地中海文明区主要涉及今天土耳其、伊拉克、叙利亚等两河流域的苏美尔文明，北非埃及的古埃及文明，南欧的古希腊、古罗马文明，以及中间一些过渡性文明和后续演变的文明（见图1.3环地中海文明区与东亚文明区分界线的上端），其地理范围主要涉及西亚、北非、南欧等环地中海地区。东方文明区主要涉及今天的中华文明，中国西北方的西域和北亚草原的诸文明，东亚朝鲜半岛文明、日本诸岛的文明，以及东南亚的一些文明（见图1.3环地中海文

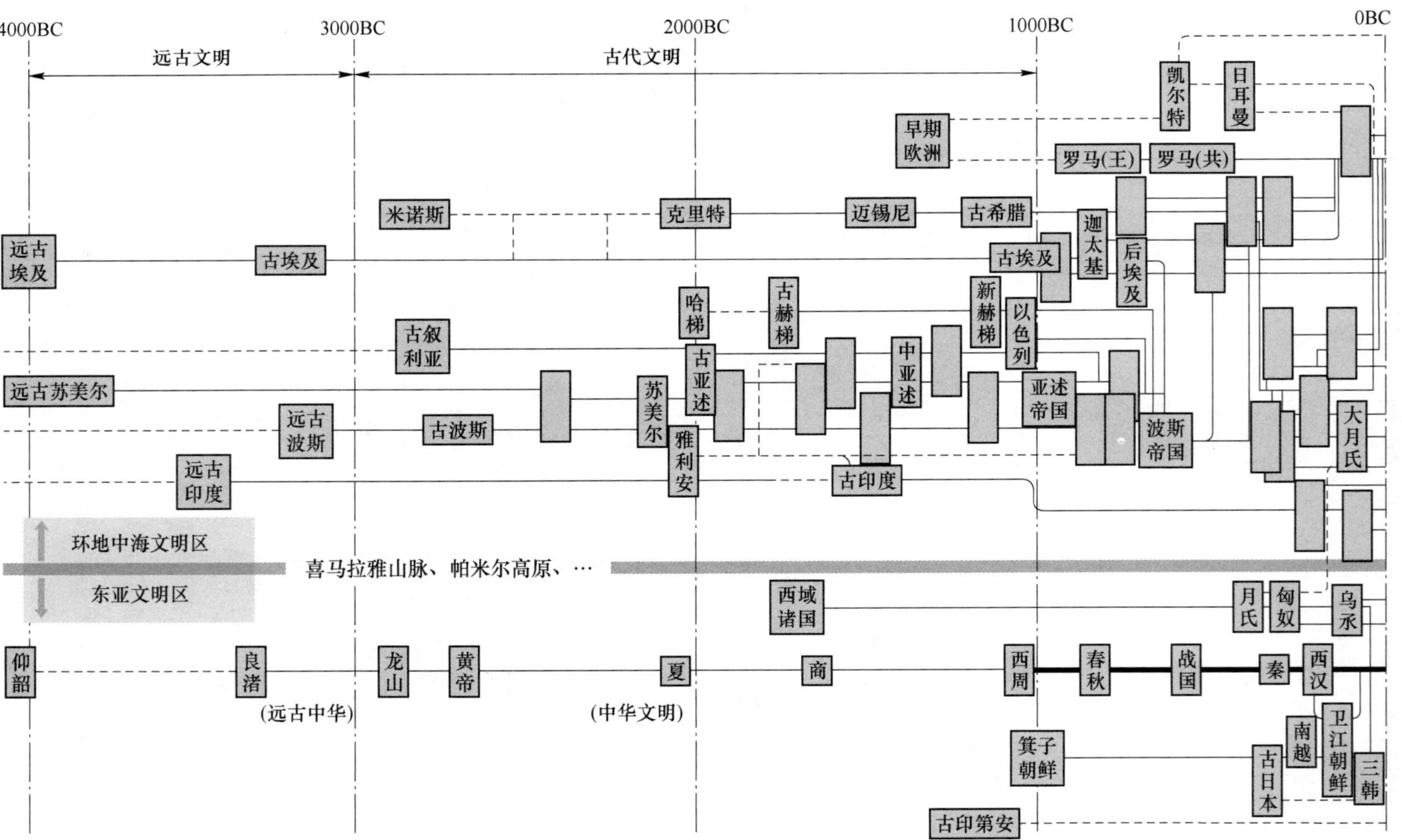

图 1.3　至公元初年全世界各地文明的演变与相互联系

（实线：已经确认的文明演变过程；虚线：尚待进一步确认的文明演变过程；空心矩形：曾经出现过的跨越不同文明区域的过渡性文明）

明区与东亚文明区分界线的下端），其地理范围主要涉及东亚、东南亚、北亚地区。在公元前的文明演变过程中，这两个文明区内部的各地族群间会有不同程度的物质、人员、文化交流，以及文明的传承和交融；然而，在环地中海文明区和东方文明区之间却鲜有显著的文明交流（见图 1.3）。

在蒙昧时代，即旧石器时代，非洲古猿在向现代人转变的过程中逐渐迁移到世界各地，或在该转变过程之后的人类族群又迁移到世界各地取代之前迁移过来但或许早已灭亡的人类，并再次繁衍生息[24]，最终形成了今天各地的不同人种。在人类社会从旧石器时代向新石器时代过渡的年代，今欧洲东北部地区以及俄罗斯西伯利亚北端大部分地区等当时属于较寒冷地区，并与不断隆升的青藏高原[25]相衔接，形成了对人类族群的生存非常恶劣而艰难的区域，因此在公元前 20 世纪之前在该区域未能出现文明和文明社会[23]。另外，新升高的喜马拉雅山脉、青藏高原、帕米尔高原，以及东北欧、俄罗斯等寒冷地区还从地理环境上形成了上述两大文明区之间相互交流的阻隔带，因而自然成为隔开环地中海和东方两大文明区的边界。至公元初年的人类尚难轻易地大规模跨越这些地理和气候的阻隔，尤其是自 1.6 万年前以来喜马拉雅山脉再度隆升造成的新阻隔。因此，可以理解，两大文明区域内的诸多文明在公元前难有大规模的、跨越大文明区阻隔边界的交互影响。

1.5 泛环地中海文明与泛东方文明

地中海文明区首先覆盖了苏美尔文明、古埃及文明，随后向西连接到古希腊文明、古罗马文明，向东则连接到波斯文明、阿拉伯文明等众多地域。远古时期源自地中海高加索人种的达罗毗荼人迁入印度地区，发展了古印度的人工冶铜技术及印度河文明，如今达罗毗荼人超过了印度人口的 20%；随后，在公元前 2500 年左右与欧洲同种的雅利安人进入印度，并把达罗毗荼人从印度西部和北部赶到印度南方[26]。印度河主要位于印度大沙漠区西北，即今天巴基斯坦境内，通过中亚直接通往西亚，该地区的人种和文明与西亚和欧洲的文明保有内在的联系。由此可见，地中海文明区还可以进一步延展、并连接到中亚和南亚次大陆的许多文明，且该地区的文明与西亚也存在早期的相互影响和交流（见图 1.3）。这个扩展了的文明区可称为“泛环地中海文明区”，不仅涉及北非、南欧、西亚等地文明所覆盖的范围，还会涉及今天伊朗以东、土库曼斯坦南部、阿富汗、巴基斯坦、印度等中亚和南亚地区。

对从古猿向现代人类转变时期的研究和分析显示，迄今为止尚未发现蒙昧时代的人类在美洲保留了任何遗迹[27]。距今约14000年至12000年，地质和气候的变化导致从亚洲到美洲之间存在着可跨越白令海峡的陆地通道，亚洲的早期人类族群可以直接穿越这个通道到达美洲的阿拉斯加；至约公元前5000年，淹没这个陆地通道的海水很浅，仍然可以轻易地涉水渡过或可在冬天封冻时直接徒步穿越[28]。有鉴于此，美洲地区的印第安人等原住民有很大的可能是源自早期的亚洲移民[27-28]，即古印第安文明可能与古东亚文明存在某种传承关系或内在联系。当亚洲的族群穿越白令海峡而迁移到美洲时全世界均未出现人类文明，也未出现人工冶铜技术。研究显示，临近欧洲中世纪末期、哥伦布踏上美洲大陆之前，北美洲使用的铜器主要是由天然铜制成的红铜器[29]，自然界天然铜的存量比较有限，红铜器无法显著而大范围地提高社会生产力的水平。在南美洲的智利、阿根廷、秘鲁等地均发现有人工冶铜技术和铜器的使用，其存在的年代或许更早[30]，但大多出现于欧洲中世纪时期[31]，且其铜器的使用水平也仅仅达到欧亚地区铜器时代初期的水平[32]。由此可见，美洲本土文明的萌生并未受到欧洲的影响。显而易见，未普及铜器的使用或许就是美洲本土的古印第安文明发展缓慢的原因之一[17]。如果东方文明区也包括了早期的美洲古印度安文明，则这个扩大了的文明区可称为“泛东方文明区”，覆盖了中国、朝鲜、日本、东南亚、中亚东侧、北亚草原、美洲等广大地区的众多文明（见图1.3）[23]。

图1.3列出了世界历史上不同时期、名目繁多的各种文明，它们之间存在着相互传承、交融、影响、叠加、融合、分蘖、演变、转换、吞并等非常复杂的各种关联。由此，对不同文明的命名或许也存在多种不同的标准，例如，以地理位置命名的有：希腊文明、罗马文明、爱琴海文明、美洲文明、欧洲文明、东亚文明等；以人种命名的有：犹太文明、印第安文明、赫梯文明、波斯文明；以宗教命名的有：基督教文明、伊斯兰文明，以文化圈命名的有：中华文明、阿拉伯文明、玛雅文明等；根据研究者的需求还会有其他的命名方式。图1.3展示的“泛环地中海文明区”和“泛东方文明区”还粗略地概括了直至公元初年，迄今已知的世界上所有文明及其在各自文明区内相互之间的联系；另一方面，这两个大文明区在此期间却各自相对地独立发展，尚未发现到有大规模的、跨越大文明区的相互交流和影响。当然并不能排除两大文明区之间在公元前就存在人员、文化、物资、商贸等方面少量而缓慢的早期交流。

如果把泛环地中海文明简称为西方文明，把泛东方文明简称为东方文明，则全世界可以粗略而简洁地划分为西方文明和东方文明这两个在公元前的早期历史上很少存在相互内在关联的大区。自北向南两个文明区之间大致的分界线以巴伦支海至里海的欧亚分界线为北段、再经中亚沙漠地带连接到帕米尔高原和喜马拉雅山脉等。在人类萌生后，因地球持续的自然演变，该分界线区域出现了人类迁移和交流难以跨越的地理和气候屏障。

对于识别一个文明特征的核心观察点不仅在于其铜器的使用情况以及生产力水平是否达到了温饱有余，还在于识别出该文明的各种核心特征，且有时并不在于其所涉及的人种、地理位置等非核心因素。工业革命以后，随着欧洲人的入侵和大规模移民，美洲的东方文明特征逐渐湮灭，取而代之的是环地中海地区的西方文明；同时，东亚的一些地区也越来越多地受到西方文明的影响。以美国为例，如今占统治地位的文明显然是西方文明，尽管美国不是西方文明的原产地，但生活在美国的欧洲白人、非洲黑人、亚洲黄种人等美国人，甚至包括不少本土印第安人，他们所坚持和笃信的都已是西方文明精神。可见在美国，地理位置和人种都不能决定文明的本质，起决定作用的乃是美国社会西方文明的本质特征。

参 考 文 献

[1] 毛卫民. 材料与人类社会——材料科学与工程入门 [M]. 北京：高等教育出版社，2014：4-5.

[2] 贾洛斯拉夫·马里纳，泽德奈克·瓦希塞克，陈淳. 考古学概念的考古 [J]. 南方文物，2011 (2)：93-99.

[3] 贺云翱. 考古学为人类观察生产力的演变规律提供重要启迪 [J]. 大众考古，2016 (9)：1.

[4] 毛卫民. 材料与文明 [M]. 北京：高等教育出版社，2018：21-97，131-137.

[5] 毛卫民. 文明的回荡——中西方文明特征差异的物质基础与演变概览 [M]. 北京：中国书籍出版社，2023：1-11.

[6] 毛卫民，李一鸣，王开平. 中国及周边地区早期的铜器 [J]. 金属世界，2024 (1)：23-29.

[7] 毛卫民，王开平. 铜器时代之前中西方的材料技术 [J]，金属世界. 2021 (4)：1-7.

[8] 毛卫民，王开平. 金属的使用与中西方文明的发展（Ⅰ）：铜器制造和使用的差异 [J]. 金属世界，2018 (5)：22-25.

[9] 毛卫民，王开平. 欠发达铜器时代孕育的西方文明及其早期价值观念的特征 [J]. 金属世界，2021 (5)：1-6.

[10] 段启增. 初论文明史研究 [J]. 齐鲁学刊，1998 (5)：64-70.

[11] 黄旭东. 文明概念辨析 [J]. 贵州大学学报 (社会科学版), 2006, 24 (4): 7-10.
[12] 毛卫民. 金属与战争陷阱 [J]. 金属世界, 2021 (2): 1-6.
[13] 拱玉书. 日出东方: 苏美尔文明探秘 [M]. 昆明: 云南人民出版社, 2001: 89.
[14] 毛卫民, 王开平. 文明之初的文字与铜器 [J]. 金属世界, 2022 (3): 1-8.
[15] 毛卫民. 人工冶铜技术与文明时代的概念 [J]. 金属世界, 2023 (2): 28-33.
[16] 綦昕瑶, 刘秀铭. 马明明, 等. 印度河流域平原表土的成因及其意义 [J]. 第四纪研究, 2021, 41 (6): 1654-1667.
[17] 毛卫民, 王开平. 金属的使用与演变至今的人类古代文明 [J]. 金属世界, 2023 (5): 29-35.
[18] 向鸿波. "文明古国" 说在晚清的缘起与演变 [J]. 人文杂志, 2020 (4): 69-77.
[19] 张开城. 中西文明互动的历史与逻辑 [J]. 中国海洋大学学报 (社会科学版), 2020 (2): 28-40.
[20] 贺云翱. 古希腊文明考古是我们了解世界文明大格局的重要途径 [J]. 大众考古, 2018 (9): 卷首语.
[21] [美] 多米尼克 · 拉思伯恩. 古代文明大百科 [M]. 王晋, 侯佳, 译. 北京: 电子工业出版社, 2016: 130-271.
[22] 张国刚. 人类的童年与文明的边疆 [J]. 读书, 2020 (5): 100-109.
[23] [美] 苏珊 · 怀斯 · 鲍尔. 世界史的故事 1——王权从天而降: 文明的开端-前 7 世纪 [M]. 北京: 中信出版集团, 2019: 插图页.
[24] 吴新智. 现代人起源之争将逐渐走向协调 [N]. 科技导报, 2018, 36 (15): 1.
[25] 马润勇, 彭建兵, 袁志东, 等. 青藏高原隆升的黄土高原构造侵蚀效应 [J]. 地球科学与环境学报, 2007, 29 (3): 289-293.
[26] 王树英. 印度复杂纷繁的人种博物馆 [J]. 中国民族, 2005 (3): 35-40.
[27] 胡远鹏. 印第安人: 来自亚洲还是土生土长于美洲? [J]. 福建师范大学福清分校学报, 2007 (3): 11-15.
[28] 刘树人. 早期华夏先民到达美洲的考究 [J]. 地球信息科学, 2004 (3): 4-6.
[29] 汪常明. 北美史前铜器矿料来源研究中科技方法的应用 [J]. 文物鉴定与鉴赏, 2011 (1): 54-59.
[30] 李延祥. 秘鲁的冶铜遗址 [J]. 金属世界, 1994 (2): 30.
[31] 李延祥. 安第斯冶金考古 [J]. 文物保护与考古科学, 1998, 10 (2): 44-49.
[32] 张兰星. 南美洲古代印第安农业论略 [J]. 古今农业, 2020 (2): 106-111.

2　中国早期发展冶铜技术的基础与优势

野蛮时代末期的人类族群若想发明人工冶铜技术，需要事先具备三方面的基础条件，一是可获得铜矿资源，二是掌握高温技术，三是具有锻打铜以使其改变形状的知识。其中，铜矿资源是地球表面客观存在的自然资源，铜矿资源存在与否并不会因为人的主观意愿或主观努力而发生改变。以此三方面条件为基础，在随后的日常生产、生活中，尤其是在高温烧制陶器或日常炊饮烧火的过程中，只要细心观察、认真思考、勤于探索、积累经验，就存在发明人工冶铜技术的机会。

2.1　地球上的铜矿资源

随着地球外部地壳的形成，其内各处所蕴藏铜矿资源的分布状态在人类出现之前就已经稳定下来；在之后的地球演变过程中，地壳内的铜矿资源很难再发生根本性的改变。由此可见，不同人类原始族群的祖居地是否蕴藏较丰富的铜矿资源完全在于大自然的馈赠，与人类自身努力的关系并不大。根据中国地质博物馆的资料，在地壳中蕴藏的铜比较少，仅约为 0.01%；在自然界中已经发现了 250 多种铜矿物，以及其他各种含铜矿物。孔雀石是自然界最常见的铜矿石之一，属于铜的一种氧化物。图 2.1 给出了在世界各地发现的孔雀石。孔雀石往往会展现出亮眼的绿色和美丽的花纹，很容易引起远古人类的注意，在文明出现之前的西亚两河流域[1]和北非的埃及[2]就有把孔雀石用作饰物的记载。因此，孔雀石可能是人类最早接触到的铜矿石，同时也很可能是人类最早拿来用于人工冶铜的铜矿石之一。

在大气环境下，多数金属通常无法以单质的形式存在，而是保持为各种化合物的形态。自然界中的铜元素大多以氧化物或硫化物的形式蕴藏在地壳之中。一般认为，铜与硫的亲和力偏高而与氧的亲和力偏低，且在自然界中铜的硫化物比铜的氧化物的化学稳定性更高[3]。因此，地壳中的氧化类铜矿石体量较少，诸如蓝铜矿、黑铜矿、赤铜矿、绿铜矿、孔雀石等都属于以氧化物为主的铜矿石；而地壳中硫化类铜矿石的体量非常大，诸如黄铜矿、斑铜矿、辉铜矿、铜蓝等则属于以硫化物为主的铜矿石[4]。用铜矿石冶铜时，在一些人工冶炼过程中铜矿石始终保持着固体状态且是在较低的加热温度下完成，而另一些铜矿石则需要在较高的加热温度下才可能完成人工冶铜过程[5]。有鉴于此，前者可称为低温铜矿石，主要是一些氧化物类铜矿石；后者则属于高温铜矿石，往往是一些硫化物类铜矿石。

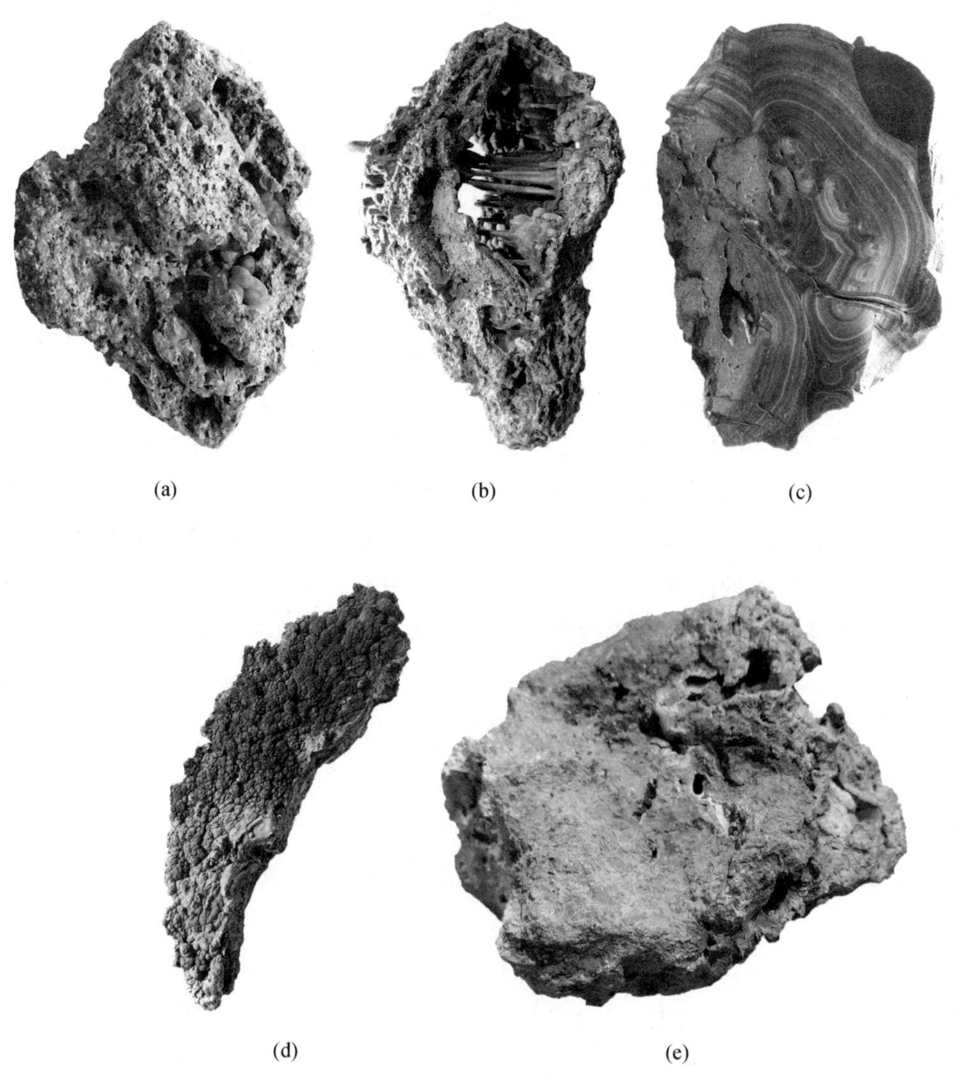

(a) (b) (c)

(d) (e)

(f)
(g)
(h)
(i)
(j)
(k)
(l)
(m)
(n)

图 2.1　世界各地的孔雀石

a—中国云南；b—中国广东；c—中国湖北；d—中国安徽；e—中国陕西；
f—中国内蒙古；g—中国甘肃；h—中国青海；i—中国新疆；j—中国西藏；
k—老挝；l—南非；m—刚果；n—摩洛哥；o—也门；p—德国；q—美国

扫一扫看彩图

（a，d：安徽省地质博物馆；b，c，n：中国地质博物馆；e，q：西安科技大学地质博物馆；
f，h，j，p：长安大学地质博物馆；g，o：甘肃地质博物馆；i：新疆地质矿产博物馆；
k：内蒙古自然博物馆；l：西北大学博物馆；m：中国地质大学逸夫博物馆）

图 2.2 列举出了在中国多地发现的各种铜矿石，且各种铜矿石的物理化学特征各不相同，其中赤铜矿、蓝铜矿、黑铜矿、氯铜矿等应属于氧化物类的低温铜矿石，其余大多是硫化物类的高温铜矿石。

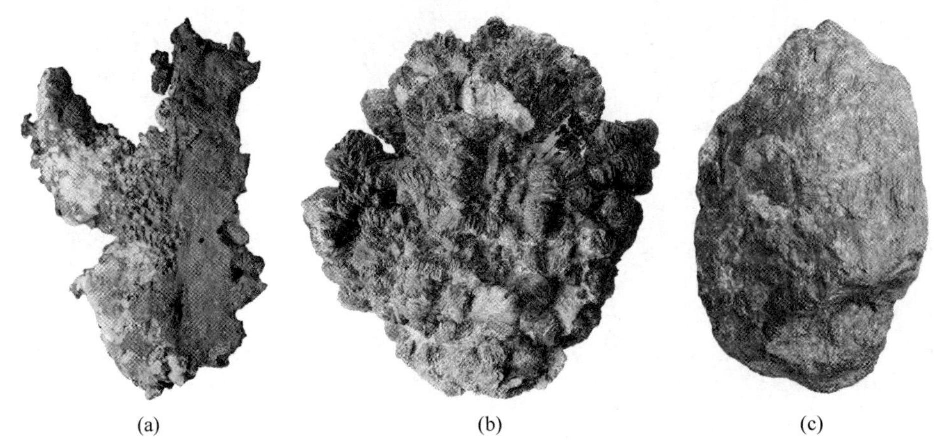

(d)　(e)　(f)

(g)　(h)　(i)

扫一扫看彩图

图 2.2　中国各地的铜矿石

a—云南赤铜矿；b—江西蓝铜矿；c—山西黄铜矿；d—吉林斑铜矿；e—甘肃辉铜矿；f—湖南黑铜矿；g—湖北氯铜矿；h—河北墨铜矿；i—贵州绒铜矿

（a，c，e：中国地质大学逸夫博物馆；b，d：中国地质博物馆；f，h：长安大学地质博物馆；g：内蒙古自然博物馆；i：陕西自然博物馆）

图 2.3 列举了在环地中海地区发现的各种铜矿石，其中的蓝铜矿、泡铜矿、翠铜矿等多属于氧化物类的低温铜矿石，其余应为硫化物类的高温铜矿石。

自然界中除了蕴藏着如图 2.1 ~ 图 2.3 所示的众多化学成分比较简单的氧化类或硫化类铜矿石外，还存在名目繁多的各种化学成分较复杂的铜矿石。化学成分复杂指的是除了含铜以及构成氧化物、硫化物的氧、硫、磷、氢、氯、硅等许

(a)　(b)　(c)

(d)　(e)　(f)

图 2.3　欧洲及环地中海周边各地的铜矿石

a—法国蓝铜矿；b—刚果翠铜矿；c—匈牙利斑铜矿；d—英国辉铜矿；

e—罗马尼亚方解石中的黄铜矿；f—斯洛伐克泡铜矿

（a，d：中国地质博物馆；b，c，e：中国地质大学逸夫博物馆；f：内蒙古自然博物馆）

多常规非金属元素外，还含有一定比例的各种其他金属元素，以及砷等特定的非金属元素，构成了复合型氧化物或硫化物矿。图 2.4 列举了一些在世界各地发现的化学成分比较复杂的铜矿石。用所获得化学成分比较简单的铜矿石冶炼出来的往往属于红铜，而用化学成分较复杂的铜矿石则通常无法直接冶炼出红铜。在铜器时代的早期，当人类尚未掌握控制铜器化学成分的知识和能力时，根据所使用铜矿石的具体成分，冶炼出来的相应产物经常并不是红铜，例如，用锌钙铜矿（见图 2.4a）或绿铜锌矿（见图 2.4b、c）冶炼出来的可能直接就是黄铜；用铜镍矿（见图 2.4d）或铜镍硫化物矿（见图 2.4e）冶炼出来的可能直接就是白铜；用硫砷铜矿等含砷的铜矿石（见图 2.4f、g、h、i）冶炼出来的可能直接就是砷铜；用硫化铜锡矿等含锡的铜矿石（见图 2.4w）冶炼出来的可能直接就是锡青铜，以此类推。图 2.4 中各种黝铜矿（见图 2.4j、k、l、m、n、o、p、q）都是含锑的硫化物铜矿。在所冶炼出来的各种铜合金中，铜以外合金元素的含量与铜矿石中相应元素的天然含量密切相关。

(a) (b) (c)

(d) (e)

(f) (g)

(h) (i)

(j)　(k)　(l)

(m)　(n)　(o)

(p)　(q)　(r)

(s)　(t)　(u)

(v)　(w)

图 2.4　世界各地化学成分比较复杂的铜矿石

a—德国锌钙铜矿；b—刚果绿铜锌矿；c—墨西哥绿铜锌矿；d—中国新疆铜镍矿；e—中国甘肃铜镍硫化物矿；f—中国台湾硫砷铜矿；g—法国乳砷铅铜石；h—墨西哥砷钙铜石；i—西班牙铜泡石（砷铜矿）；j—中国陕西黝铜矿；k—奥地利黝铜矿；l—秘鲁黝铜矿；m—西班牙砷黝铜矿；n—德国汞黝铜矿；o—美国银黝铜矿；p—也门黝铜矿；q—中国台湾块硫锑铜矿；r—中国陕西钒钡铜矿；s—中国北京橄榄铜矿；t—法国云母铜矿；u—美国水硅铜钙石；v—刚果纤硅铜矿；w—中国硫化铜锡矿（a，b，c，f，g，h，i，k，l，m，n，o，q，r，s，t，u，v，w：中国地质博物馆；d：新疆可可托海地质陈列馆；e，j：中国地质大学逸夫博物馆；p：甘肃地质博物馆）

2.2　中国与环地中海地区铜矿的分布

从现代工业的角度观察，中国并不是一个遍布大型铜矿区、蕴藏巨量铜矿资源的国家[4]。中国是目前世界上铜消费量最大的国家，每年都需要从国外大量进口铜矿资源和各种铜材[6]。然而，对于远古时期的中国社会来说，并不一定需要储量巨大的大型铜矿；只要有一定的储量、最好不要在地壳里埋藏很深，就可以满足人工冶铜对铜矿资源的需求。即便是中、小、微型铜矿，只要是遍布全国各地，就非常有利于支撑早期人工冶铜技术的发展。而遍布全国各地刚好是中国铜矿资源的主要特征。地球各地的所有铜矿资源均产生于地壳形成之时。图 2.5 展示了遍布于中国各地并被开发利用的 88 个铜矿区[7]。

表 2.1 给出了所查阅到的中国各地铜矿区的名称，这里并未包括部分历史上或许曾被利用过，而今天已经废弃的铜矿区。目前可获得各省铜矿分布的信息并不充分，因此很难对全国所有铜矿区做较完整的统计。例如，仅在陕西省目前就存在约 90 个铜矿区以及约 150 个铜矿点[8]，甘肃地质博物馆统计甘肃省的铜矿有 20 多处，因此表 2.1 所列出的矿区极为不完整。但仍可以看出在今天中国的地理范围内，全国各地均蕴藏有数量不同的铜矿区，且不论各矿区蕴藏铜矿资源

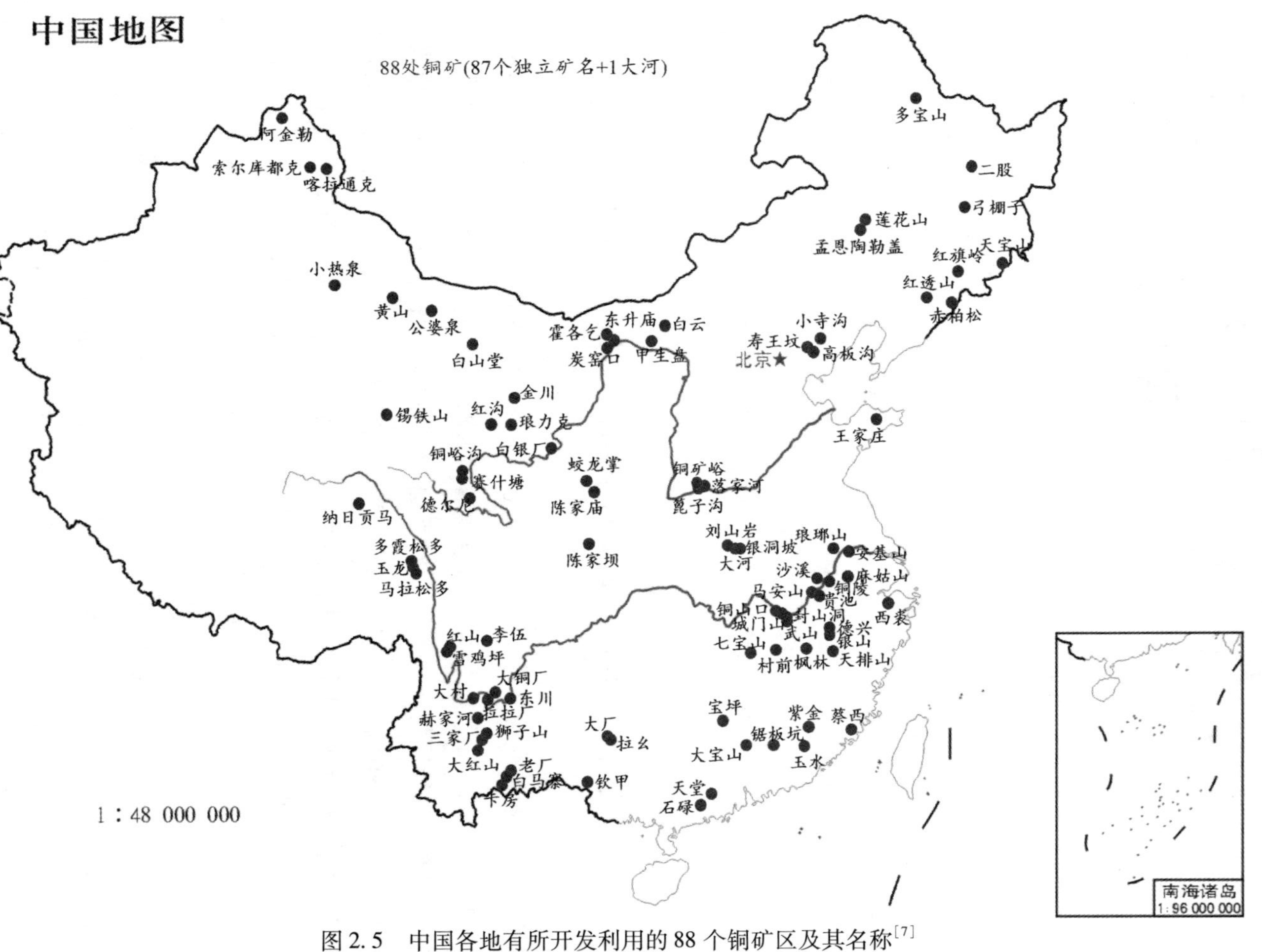

图 2.5　中国各地有所开发利用的 88 个铜矿区及其名称[7]
（实心圆圈：铜矿区的位置，不表示铜矿区的规模；审图号：GS(2024)2735 号）

数量的多少，矿区位置呈现出了遍布全国的分布状态。在新石器时代的中晚期，这种分布也必然早已存在，为中国发展出本土的人工冶铜技术提供了必要的铜矿资源。

表 2.1 中国各地铜矿区的名称（根据不完全的查阅和统计）

地区	省/自治区	铜 矿 区
华东	江苏	安基山
	浙江	西裘
	安徽	铜陵、贵池、马安山、沙溪、麻姑山、琅琊山
	山东	王家庄、福山、埠口
华南	广东	大宝山、石碌、锯板坑、天堂、玉水
	广西	拉幺、大厂、钦甲
	福建	紫金、蔡西
	江西	德兴、银山、封山洞、城门山，武山、村前、枫林、天排山
华北	河北	高板沟、小寺沟、寿王坟
	山西	铜矿峪、篦子沟、落家河
	内蒙古	东升庙、甲生盘、孟恩陶勒盖、霍各乞、白云、炭窑口、莲花山、毛登、大井、黄岗梁、敖尔盖
华中	河南	银洞坡、刘山岩、大河
	湖北	铜山口、铁山
	湖南	七宝山、宝坪
西南	四川	拉拉厂、李伍、大铜厂
	贵州	条台
	云南	大红山、红山、雪鸡坪、东川、赫家河、狮子山、老厂、卡房、大村、三家厂、白马寨、六苴
	西藏	玉龙、多霞松多、马拉松多
东北	辽宁	红透山、凡河
	吉林	红旗岭、天宝山、赤柏松
	黑龙江	二股、多宝山、弓棚子

续表 2.1

地区	省/自治区	铜 矿 区
西北	陕西	陈家坝、八一、万丈沟、午峪沟、汉中
	甘肃	白银厂、公婆泉、白山堂、金川、蛟龙掌、陈家庙
	宁夏	中卫
	青海	琅力克、铜峪沟、赛什塘、德尔尼、纳日贡玛、红沟、锡铁山、尕科合
	新疆	黄山、阿金勒、喀拉通克、索尔库都克、小热泉

作为对比，图 2.6 给出了德国柏林新博物馆所展示的在欧洲和环地中海地区许多地方发现的众多铜矿点。

然而，据不完整的统计[9]，铜器时代早期在环地中海、欧洲大陆、英国等地实际得到利用的铜矿区则如表 2.2 所列，主要涉及了西班牙的莫雷纳山脉和阿拉莫（Sierra Morena and El Aramo）、奥地利的北提洛尔（North Tyrol）、法国的中央高地（Massif Central）、希腊雅典附近的拉夫里（Lavrion）、意大利的撒丁岛（Sardinia）、东地中海的塞浦路斯（Cyprus）、英国的康沃尔（Cornwall）、德国的西格兰（Siegerland）等（见图 2.6 中实线环所覆盖的范围）。尽管还有一些其他关于欧洲古代铜矿资源的报道[10-11]，但整体上看，欧洲及环地中海地区当时实际得到利用的铜矿资源并不十分充沛[9]。

表 2.2　铜器时代早期欧洲各地实际得到利用的铜矿区（根据不完全的查阅和统计）

国家/地区	铜 矿 区
西班牙	莫雷纳山脉和阿拉莫（Sierra Morena and El Aramo）
奥地利	北提洛尔（North Tyrol）
法国	中央高地（Massif Central）
希腊	雅典附近的拉夫里（Lavrion）
意大利	撒丁岛（Sardinia）
东地中海	塞浦路斯（Cyprus）
英国	康沃尔（Cornwall）
德国	西格兰（Siegerland）
⋮	⋮

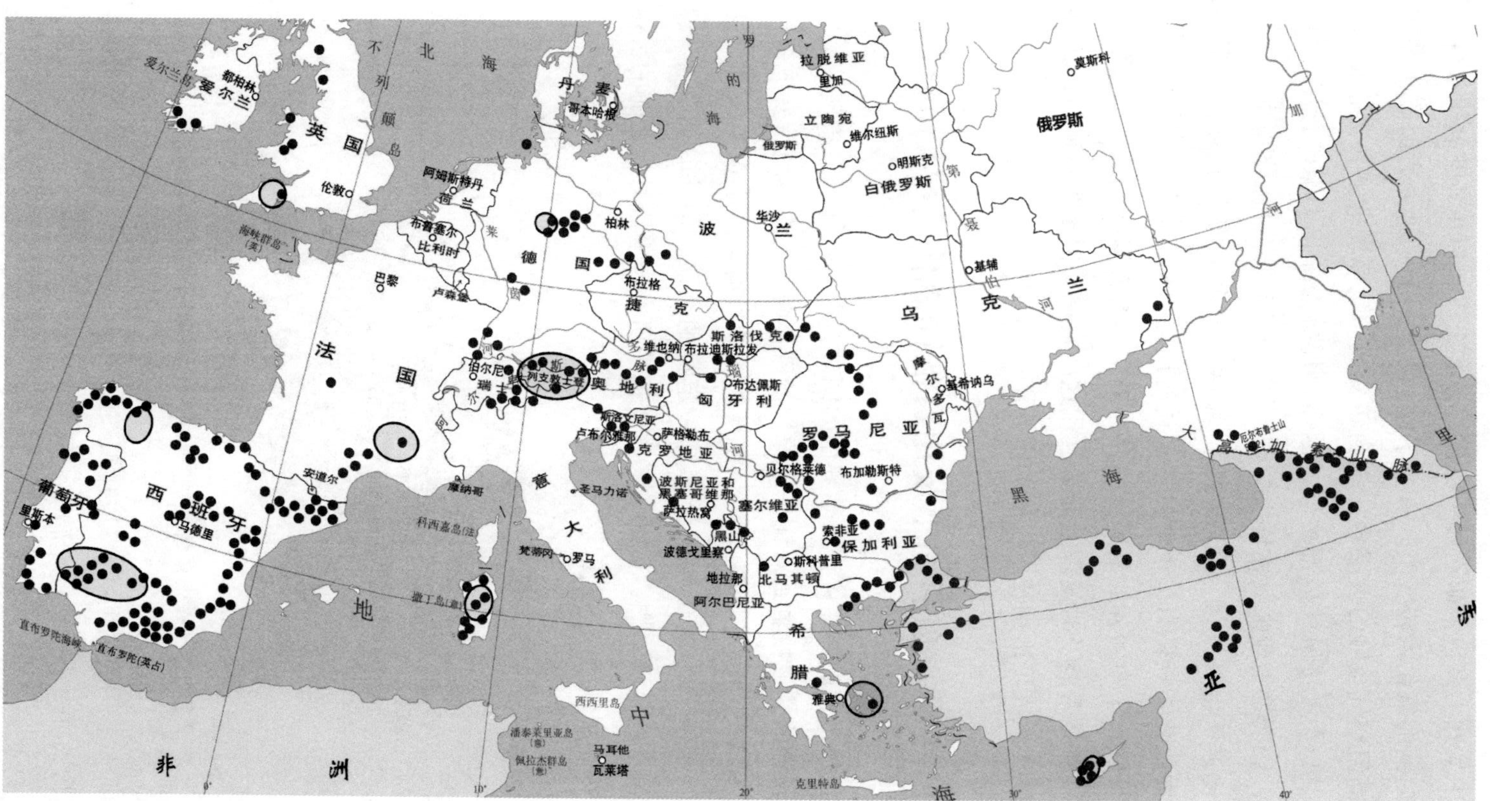

图 2.6 环地中海地区分布的铜矿资源（德国柏林新博物馆）及铜器时代早期得到实际利用的铜矿区[9]

（实心圆圈：铜矿点的位置，不表示铜矿点的规模；实线环：铜器时代得到实际利用的铜矿区；审图号：GS(2024)2735 号）

在自然界中虽然大多数铜矿石属于硫化类铜矿石[4]，但在高温氧化条件下铜的硫化物也会向铜的氧化物转变[3]。有鉴于此，在地球形成地壳表面硫化类铜矿区的初期，与高温空气接触的表层硫化铜会转变成一定厚度的氧化类铜矿石层，其下面则为难以与空气接触的内部区域，因而仍保持为硫化类铜矿石层。另外，不能完全排除，长期处于较强氧化环境的铜矿区，其表层部分硫化铜也可能会缓慢地转变成氧化铜矿。在中国[12]和欧洲[13]都存在着表层为次生的氧化类铜矿石[13-14]而内部为硫化类铜矿石的铜矿区。上述所描述的铜矿资源分布情况难免有所遗漏，但仍可以看出中国各地铜矿区的存在确实具有普遍性。虽然无法确认早期中国各地的族群是否能及时发现并充分利用这些资源，但至少铜矿资源不会成为制约中国出现本土人工冶铜技术发展的因素。

2.3　自然铜的变形加工及用自然铜制作的早期铜器

铜是一种比较惰性的金属，当自然界中的铜矿石遇到氢气、天然气、沼气等还原性气体的长期吹袭或接触到对铜呈还原性的液体时就会逐步地转变成疏松状态的红铜[15]，称为自然铜（见图2.7）。在自然界中所有大、小铜矿区都可能生成一定比例的自然铜[16]。自然铜中会含有一定量的杂质，但往往含铜量较高、接近纯铜、呈偏红的色泽[17-18]，因此，考古挖掘中所发现铜器时代之前的很多金属器都是由自然铜制作而成的红铜器。

图2.7　自然界中存在的自然铜块（安徽省地质博物馆）

在旧石器时代，人类借助摔、打、敲、砸、捶击、碰撞、研磨等方式加工自然界中的石料以改变其外形，使之转变成所需的形状，用作各种石质工具。捶打加工成为早期人类改变石料形状的主要加工手段。经历了漫长的石器时代，各地的人类都能非常娴熟地把天然石料加工成砍砸器、刮削器等工具使用。可以推测，当人类在所生存的环境中捡拾到自然铜后很快就会发现，捶打加工可以简便而直接地使自然铜块变形，并加工成所需的形状，进而制成性能非常优良的铜质工具，且加工和使用铜工具的便捷程度远高于石质工具[19]。因此，人类在发明人工冶铜技术之前往往已掌握了铜器的一些变形加工技术，并开始使用自然铜制作的铜器[16]。

自然铜块的色泽明显区别于其他石料，很容易被识别出来[20]。人类社会最早的自然铜制品据考证发现于公元前 10 千纪（千纪，即 1000 年）西亚的伊拉克北部，距今已有 11000 多年；随后在土耳其南部出土了公元前 8 千纪（公元前 8000 年至公元前 7000 年）的数十件自然铜制品；在伊朗西部、中部，以及叶海亚地区也都发现公元前 7000 年至公元前 5000 年自然铜的制品；在西亚地区小件自然铜器物的使用一直持续到约公元前 3000 年[2]。若用自然铜制作铜器，就不可避免地要对自然铜作切割和变形加工，以制成所希望的外部形状，由此可以逐步积累起加工制作铜器的知识和能力。随后，西亚地区出现了可持续地大规模制作铜器的人工冶铜技术[22]，自此自然铜制品就不再那么重要了。

约 3 万年至 1 万年前，古印第安人通过西伯利亚那时尚为陆路的白令海峡，以及北美的阿拉斯加来到美洲大陆。那时的古印第安人在不掌握人工冶铜技术的情况下也曾用自然铜制作铜器使用。在公元前 9000 年至公元前 6000 年期间，白令海峡的陆路通道被上升的海平面淹没，因此，欧亚大陆后来出现的人工冶铜技术就难以向美洲大陆传播[21]。北美印第安人大约于 6800 年前就开始利用自然铜[23]。美洲大陆蕴藏着数量有限的自然铜，由于加工能力的局限，印第安人多用开采到的小块自然铜制作铜器[21]。北美所涉及自然铜的加工过程包括折叠、锻打、热变形加工、加热和冷却等工艺，后续的加工过程还包括铆接、砍切、打孔、打磨等[23]，但截止到目前，人们尚未发现北美地区早期出现过熔化自然铜和其他人工冶铜的证据[23]。

如果反复出现捡拾或开采到自然铜块并捶打加工成工具的情况，人们就逐渐学会了如何在自然界中识别出自然铜块、如何把自然铜块加工成铜工具，甚至如何加热铜块使之软化后再作捶打加工等铜器变形加工方面的知识[16]，并不断积累和完善这些知识。

中国各地发现早期族群使用自然铜制成铜器的考古成果并不很丰富，而发现更多的往往是人工冶铜遗迹与由人工冶铜制作的红铜器物。如在山西榆次源涡镇曾发现了约公元前3000年的铜炼渣，即中国早在公元前3000多年前已经出现人工冶炼红铜的现象[24]。在辽宁朝阳牛河梁遗址发现了约公元前3000年红山文化由纯铜制作的小铜环；在同时期的内蒙古敖汉旗红山文化西台遗址中发现了铸造钩形饰物的陶质合范，表明该地区已经脱离了单纯打制自然铜的阶段[25]，开始了冶炼与铸造。在山东泰安，考古发掘出了约公元前30世纪大汶口文化1号墓随葬品中表面附着铜绿锈的骨凿，含铜率为9.9%，估计可能是铜器加工的痕迹[18]。

但是，随后在中国的其他地方却不断发现了用自然铜加工制作铜器的行为。如在河北唐山市大城山新石器时代龙山文化遗址中发现了两块经穿孔加工而成的近似红铜的铜牌[26]。公元前21世纪是甘肃祁连山北麓的齐家文化时期，在该地区的武威皇娘娘遗址中发掘出了23件红铜器；在永靖大何庄遗址中发现了红铜的铜匕和铜器残片，在永靖秦槐家遗址中出土了6件红铜器，分析这些铜器的结构和可能的捶打成型过程可知，它们均取材于自然铜[27]。在西藏地区也发现了约公元前2000年自然铜制作的红铜器[17]。除了甘肃、青海地区，在山东、河南一带约公元前2500年的大汶口文化末期多次发现有用自然铜制作的小型红铜工具和用具[18]。

2.4 中国古代高温技术的传统优势与瓷器的发明

考古研究显示[28]，一百多万年之前世界各地向现代人类转变过程中的直立人已经开始使用火。例如，在中国，距今约180万年前的山西西侯度、约170万年前的云南元谋、约90万年前的陕西蓝田等史前时期遗址都发现了早期人类使用火的痕迹，但尚不能确定当时人类所能使用的是人工制造的火还是天然的火。在国内外获得了较多认可的考古研究已基本证实，最早掌握人工制造火、控制火并保留火种的直立人是距今约70万年至30万年前生活在北京周口店等地的直立人[28]。随后，世界各地的人类族群使用火的行为越来越普及，人类用火烘烤食物、取暖、照明、驱赶猛兽等，并因而不断地增强了在严酷自然环境中的生存能力。

在使用火的过程中，人类逐渐发现，在垒砌炉灶中用火可以更高效、更高质量地烘烤食物。同时，随着人类使用火的能力越来越娴熟，炉灶中火的温度也越来越高。在经常使用炉灶的过程中可以体会到，长时间的用火可使炉灶中的炉壁变成比较坚硬的烧土（见图2.8），且水与土混合成泥并经过炉灶烧烤后会变硬，提高温度和延长时间都可进一步提高烧制物的坚硬程度。如果事先把混合而成的泥预制成特定形状的器物，该器物在烧制后可以永久性地保留下来，这一过程就是制作陶器的过程。陶器不属于自然界中存在的物质，而是由人类发明的一种新的器具或工具。在中国江西万年仙人洞遗址发现了距今约两万年前的陶器残片。距今一万多年前，世界各地的人类先后发现了制作陶器的方法。开始大量使用陶器是人类社会摆脱旧石器时代进入新石器时代的一个重要标志，自此人类社会也开始了野蛮时代[29]。熟练使用火的能力，以及用火所能达到的温度是实现人工冶铜过程的关键性基础之一，对人类社会进入后续的铜器时代和文明时代，以及对所形成文明的特征都会产生重要的影响[30]。

图2.8 距今200万年至20万年期间北京周口店遗址持续在炉灶中用火留下的烧土（中国国家博物馆）

分析在新石器时代中、晚期众多遗址中出土的陶器断口及其化学结构，可以推断出当时所能实现的烧陶温度。例如，对河北武安磁山的砂质陶、辽宁旅顺郭家村的红陶、湖北枝江关庙山的红陶、福建闽侯昙石山（下层）的细砂灰陶、青海乐都柳湾的夹砂红陶、广东曲江石峡的灰陶等地陶器的分析结果显示，在新石器时代中、晚期这些地区的烧陶温度都已经达到或超过了1000 ℃。表2.3归纳了对新石器时代中晚期、中华文明萌生之前中国一些地方烧陶温度的分析研究结果。总体上看，在中华文明区的甘肃、青海、山东、河北、河南、湖北、广东、浙江、福建、内蒙古、辽宁等地的烧陶温度均已经达到或超过1000 ℃[31-32]。

表 2.3　对新石器时代中晚期中国各地烧陶温度的分析研究

出土陶器位置	文化名称	起始年代	烧成温度
河北武安磁山	磁山文化	约公元前 6000 年	1020 ℃
河南郏县庙底沟	仰韶文化	约公元前 4500 年	950 ~ 1000 ℃
内蒙古赤峰水泉	红山文化	约公元前 4000 年	900 ~ 1000 ℃
辽宁旅顺郭家村	大汶口文化	约公元前 4000 年	1006 ~ 1089 ℃
山东兖州王因	大汶口文化	约公元前 4000 年	1000 ℃
湖北之江关庙山	大溪文化	约公元前 3800 年	1019 ℃
浙江余姚河姆渡	马家浜文化	约公元前 3700 年	1000 ℃
福建闽侯昙石山	昙石山文化	约公元前 3500 年	950 ~ 1100 ℃
甘肃天水西山坪	马家窑文化	约公元前 3200 年	900 ~ 1000 ℃
甘肃甘谷西四十里铺	马家窑文化	约公元前 3200 年	900 ~ 1000 ℃
青海乐都柳湾	马家窑文化	约公元前 3200 年	1020 ℃
广东曲江石峡	石峡文化	约公元前 3000 年	1000 ℃
广东南海西樵山	石峡文化	约公元前 3000 年	900 ~ 1000 ℃

与表 2.3 所示中华文明区的烧陶温度对比，环地中海的南欧、西亚、北非等一些地区相应时期的烧陶温度就显得比较有限。一些文献报道了对新石器晚期至铜器时期早期环地中海一些地区烧陶温度的分析与研究，如公元前 5500 年至公元前 4900 年，南欧地区克罗地亚的烧陶温度在 800 ~ 900 ℃ 范围[33]；公元前 5200 年至公元前 4100 年，北非地区摩洛哥的烧陶温度多数在 800 ~ 900 ℃ 范围，个别可达 950 ~ 1000 ℃[34]；公元前 4500 年至公元前 4050 年，东南欧地区罗马尼亚的烧陶温度约为 900 ℃[35]；公元前 3600 年至公元前 3500 年，西亚地区叙利亚的烧陶温度则仍低于 900 ℃[36]。表 2.4 归纳了对新石器时代中晚期环地中海各地烧陶温度的这些观察[33-36]。

表 2.4　新石器时代中晚期环地中海各地烧陶温度观察[33-36]

地区	国家	起讫年代	烧成温度	分析陶器件数
南欧	克罗地亚	公元前 5500 年至公元前 4900 年	800 ~ 900 ℃	83
北非	摩洛哥	公元前 5200 年至公元前 4100 年	≤850 ℃	22

续表 2.4

地区	国　家	起　讫　年　代	烧成温度	分析陶器件数
北非	摩洛哥	公元前 5200 年至公元前 4100 年	850 ~ 900 ℃	2
			950 ~ 1000 ℃	2
东南欧	罗马尼亚	公元前 4500 年至公元前 4050 年	约 900 ℃	127
西亚	叙利亚	公元前 3600 年至公元前 3500 年	<900 ℃	63

由此可见，与南欧、西亚、北非一些地区的烧陶温度相比较，新石器时代中晚期中国各地在烧制陶器的高温技术方面具备一定的优势，至少不逊色于环地中海各地的高温技术。

古代中国长期的烧陶实践经验使人们总结出，适当的选择制陶所用的粘土原料和提高烧陶温度后，可明显提高所烧制陶器的硬度；因而在约公元前 1300 年的商代制作出了印纹硬陶（见图 2.9a）[37]；制作硬陶需要提高烧陶温度，使其尽可能达到当时已可实现的 1200 ℃[32]。

当时人们所积累的经验显示，选择某些原料可以使烧成的陶器变白。如今人

图 2.9　中国早期高温技术领先世界的优势所支撑的瓷器演变

a—商代印文硬陶束颈罐（浙江省博物馆）；b—商代原始青瓷高足盘（重庆三峡博物馆）；c—东汉青瓷罐（重庆三峡博物馆）；d—明代缠枝花卉纹折沿瓷盆（重庆三峡博物馆）

们已经知道，原料中氧化铝的含量越高及氧化铁的含量越低则烧成的陶器越白；另一方面，烧制的温度越高，陶器也越白。当烧成温度超过 1200 ℃、断口基本呈现白色时，所制成的烧成器即变成了瓷器[31]。约公元前 1300 年中国出现了瓷器的萌芽制品，即原始瓷（见图 2.9b)，东汉时期的青瓷制品反映出中国的瓷器制作技术已逐渐成熟（见图 2.9c)，到明清时期的瓷器水平达到了顶峰（见图 2.9d)。西文用“china”表示“瓷器”，这一词随后也成了“中国”，即“China”，说明全世界公认：瓷器是由中国发明。而制作瓷器所必须达到 1200 ℃的高温表明，新石器时期末期中国在高温技术方面必然具有领先世界的明显优势，进而成为率先发明瓷器的基础。

2.5　人工冶铜现象与人类发明冶铜技术

公元前几千纪之前，人类所掌握的知识非常有限。对于他们来说，发明人工冶铜技术并不是一件容易的事情。是否能够获得发明人工冶铜技术的机会，在很大程度上依赖于人类族群在新石器时代生存过程中长期的知识积累，尤其是对烧制陶器高温加热知识以及对自然铜变形加工知识的积累。现在的考古研究技术已经能够区分出新石器时代末期人类某时某地使用的铜器是源自自然铜还是源自人工冶炼的铜。然而，何地的人类族群、在何时、以何种方式发明了人工冶铜技术则会存在显著的偶然性；除了积累知识外，在一定程度上也在于当时人们对生产生活的观察和主观的努力。在大量古代铜器因其金属特性而不断被氧化或人为损毁湮灭的情况下，难以仅借助考古发掘去客观地证实某地何时偶然性地发明了人工冶铜技术的历史行为。但是，今天注意观察和分析当时人类族群是否可以较容易地获得铜矿资源、掌握的高温技术是否足够好、是否已掌握了加工自然铜的能力等证据，就可为判断其偶然发明人工冶铜技术的概率提供重要的参考。由此可见，一个人类族群或社会群体若想发展出本土的人工冶铜技术，就需要具备若干必不可少的条件，包括有较充足且可利用的铜矿资源、已掌握铜器变形加工的能力、已拥有较成熟的高温技术[5]，以及有较高的概率借助偶然机会发现人工冶铜的基本流程等。

高温加热是人类把铜矿石人工冶炼成铜、再制成铜器必不可少的环节。各种铜矿石的主要化学成分、杂质类型和含量、加热气氛等化学特性都会影响到人工冶铜时加热温度所必须达到的高温水平。在摄氏几百度的加热温度下，多数天然铜矿石都会发生分解，但分解产物通常仍是铜的某种化合物。在碳或一氧化碳等还原性气氛下加热时，一些氧化类铜矿石就会在固体状态下转变为金属铜。在较高温度的加热条件下，硫化铜类矿物会快速转变成以硫化亚铜为主的混合物[3]，当加热温度超过 1000 ℃时混合物就可能转变为液态的冰铜[38]，冷却凝固后就成为制作铜器的预制品，即是可用作经重熔和冶炼加工而制成铜器的冰铜锭（见图 2.10）。在高温重熔冶炼过程中，铜的硫化物会经一系列氧化过程转变为金属铜，同时释放出二氧化硫气体[3]。

图 2.10 安徽贵池春秋时期冰铜锭（安徽博物院）

若想快速地把铜矿石转变成金属铜，就需要提高窑炉的加热温度，温度越高转变速度越快。如果炭火的温度达到 800 ℃，一些类型的铜矿石就会在未熔化的固态状态下较快地经加热而转变成疏松的海绵状铜块（见图 2.7）[31]，这一过程即人类最早发明的低温人工冶铜技术[5]。借助低温人工冶铜技术所制作铜器的尺寸往往受限于单块铜矿石的尺寸，因此这种技术也被称为块炼铜技术。只有把多件低温冶炼而成的铜块借助诸如后续锻打的方式拼接在一起[22]，才能制作出大尺寸的拼接铜器。纯铜的熔点约为 1083 ℃，青铜的熔点可低至 950 ℃，甚至更低。如果人类所掌握的加热温度可达到或高于 1000 ℃，则所加热的铜矿石就可以直接转变成液体的铜（见图 2.11）[37]；这是借助铸造过程制作铜器的前提，这个制作过程就是高温人工冶铜技术[5]。一些铜矿石在较低的加热温度并保持固体的状态下借助低温人工冶铜技术就可以冶炼成铜并制作成铜器，属于低温铜矿石；而另一些铜矿石则需要在较高的加热温度下借助高温人工冶铜技术才可能制作成铜器，属于高温铜矿石[5]。由于世界各地蕴藏着不同类型的铜矿石，早期各地人类需要相应地采用不同的加热温度冶炼所获得的铜矿石，若加热温度不够高，则无法完成人工冶铜过程[13]。

根据图 2.5 可以看出，在今天中国的地理范围内各地铜矿资源分布的普及程度很高，实际利用到的铜矿资源甚至优于环地中海地区（见图 2.6）[39]，因此生活于中国大多数地区的族群都可以非常容易地在日常生活中接触到铜矿资源（见表 2.1），因而早期生活在中国地理范围的族群具备了发展本土人工冶铜技术的

图 2.11　西周时期经高温人工冶铜过程熔化并凝固后的扁铜锭（中国青铜器博物院）

第一个必备条件；另一方面，根据对新石器时代末期烧陶温度的比较分析可以获知，当时中国各地的高温技术普遍具备达到或超过 1000 ℃的能力（见表 2.3），不仅适于发展低温人工冶铜技术，而且也适合于发展高温人工冶铜技术[5]。因而早期生活在中国地理范围的族群也具备了发展本土人工冶铜技术的第二个必备条件。因发明了瓷器，这说明早期中国高温技术领先于环地中海地区[5]。如 2.3 节所述，公元前 2000 年之前，中国多地已经掌握了收集自然铜块，并借助捶打加工而制作成铜器的能力。尽管尚难确认更早时期中国是否已经具有加工自然铜块的能力，但公元前 3000 年中国各地已经出现人工冶炼的红铜[24-25]，可见原则上各地并不缺乏对铜作变形加工的知识，由此早期生活在中国地理范围的族群也具备了发展本土人工冶铜技术的第三个必备条件。发展本土人工冶铜技术的第四个条件涉及发明人工冶铜技术的机会。人工冶铜技术出现之前，世界各地的人类族群已经非常普遍地烧制陶器。制作烧陶窑炉的炉壁、炉底等部位的石料中混入的铜矿石在长期的烧制陶器过程中会被还原成疏松的铜块，不再适合继续用于窑炉而被替换出来，借助用自然铜制作红铜器的知识或借助捶打加工石器的经验把替换出来的疏松铜块打制成铜器，如此就是今天可以设想的、人类发展出人工冶铜技术的基本过程[5]。

是否能及何时获得发明人工冶铜技术的机会涉及当时人类族群的生存方式，以及是否曾积极探索人工冶铜过程，是一个较难借助考古和历史研究确认的事情。因此，可换一个角度来观察，即普遍分布在中国地理范围的铜矿区（见图 2.5），一方面可使生活在中国各地的族群有捡拾到自然铜块的更高概率[16]，因而容易积累与具有借助捶打变形方式发展出加工自然铜块的知识和能力；另一方面，制作烧陶窑炉的炉壁、炉底等部位的石料中会以更高概率混入铜矿石，进而烧窑者在长期烧制陶器的过程中会发现混入的铜矿石被自动地还原成了形似自然铜的铜块，由此就发现了人工冶铜的基本技术过程。中国当时的烧陶高温技术更具备优势，因而混入烧陶窑炉的铜矿石会更高效地还原成金属铜。基于上述的种种情况推理，可以得出新石器时代末期发展出人工冶铜技术对于中国各地的族群来说并不十分困难，并且基于铜矿资源、高温技术等方面的优势，中国会以很大的概率发展出本土的人工冶铜技术。

综上所述，足够的铜矿资源、足够好的高温技术、对自然铜变形加工知识的掌握、具有发明人工冶铜技术的偶然机会是发展人工冶铜技术的四个必要条件。与环地中海地区相比较，新石器时代末期中国各地在普遍获取铜矿资源和掌握烧陶高温技术方面均呈现出相对的优势，而且掌握了自然铜变形加工的知识和能力。铜矿资源和高温技术方面的优势会明显提高发明人工冶铜技术的概率，因而新石器时代末期中国各地充分具备了发展本土人工冶铜技术的基础和条件。

参 考 文 献

[1] Pistolese R. 服装美学史（一）（从美学角度看服装史的发展）［J］. 国外纺织技术（针织、服装分册），1984（15）：2-7.

[2] 张西平. 早期矿业发展与地质学的诞生［J］. 地质学报，2022，96（9）：3261-3282.

[3] 彭容秋. 铜冶金［M］. 长沙：中南大学出版社，2004：3-12.

[4] 达文波特，金，施莱辛格，等. 铜冶炼技术［M］. 杨吉春，董方，译. 北京：化学工业出版社，2006：1-24.

[5] 毛卫民，李一鸣，王开平. 中国古代的高温技术与发明人工冶铜［J］. 金属世界，2024（2）：42-46.

[6] 文博杰，代涛，韩中奎，等. 中国铜资源在用存量与二次供应潜力［J］. 地球学报，2023，44（2）：325-332.

[7] 史长义，王惠艳，冯斌，等. 中国铜的区域成矿地球化学分布模式与找矿预测［J］. 地学前缘，2014，21（4）：211-220.

[8] 齐文，侯满堂. 陕西铜矿床类型及找矿方向［J］. 西北地质，2005，38（3）：29-40.

[9] Ling J，Stos-Gale Z，Grandin L，et al. Moving metals Ⅱ：Provenancing Scandinavian Bronze Age artefacts by lead isotope and elemental analyses［J］. Journal of Archaeological Science，2014，41：106-132.

[10] 李延祥．巴尔干半岛铜冶金考古［J］．文物保护与考古科学，1999，11（2）：53-56.

[11] 崔春鹏，李延祥，潜伟．近年国外早期砷铜冶金的研究进展［J］．中国国家博物馆馆刊，2020（9）：147-160.

[12] 孙桂琴，霍卫民．山西省落家河铜矿地质特征及矿床成因浅析［J］．化工矿产地质，2011，33（4）：232-238.

[13] Hong S，Candelone J P，Soutif M，et al. A reconstruction of changes in copper production and copper emissions to the atmosphere during the past 7000 years［J］．The Science of the Total Environment，1996，188：183-193.

[14] 张润峰，于凤金，杨铁军，等．辽宁红透山铜矿树基沟矿区资源潜力分析［J］．有色矿冶，2011，27（1）：5-8.

[15] 毛卫民，李一鸣，王开平．中国及周边地区早期的铜器［J］．金属世界，2024（1）：23-29.

[16] Tylecote R F. A History of Metallurgy［D］．London：The Institute of Materials，1976. 1-12.

[17] 霍巍．试论西藏发现的早期金属器和早期金属时代［J］．考古学报，2014（3）：327-350.

[18] 王志俊．中国早期铜器的起源及发展［J］．文博，1996（6）：30-37，55.

[19] 毛卫民，王开平．金属的使用与中西方文明的发展（Ⅰ）：铜器制造和使用的差异［J］．金属世界，2018（5）：22-25.

[20] 陈晓洁，汪常明．自然铜浅说［J］．金属世界，2011（2）：25-28.

[21] 喻兰，关东杰．人类早期对自然铜的利用［J］．金属世界，2001（1）：19.

[22] 毛卫民，王开平．欠发达铜器时代孕育的西方文明及其早期价值观念的特征［J］．金属世界，2021（5）：1-6.

[23] 汪常明，金正耀．人类早期文明中的自然铜［J］．东南文化，2009（5）：108-113.

[24] 华泉．中国早期铜器的发现与研究［J］．史学集刊，1985（3）：72-78.

[25] 杨虎．辽西地区新石器-铜石并用时代考古文化序列与分期［J］．文物，1994（4）：37-52.

[26] 陈惠，唐云明，孙德海．河北唐山市大城山遗址发掘报告［J］．考古学报，1959（3）：17-35，127-134.

[27] 王根元，申柯娅．我国古代认识的主要含铜矿物［J］．地球科学（武汉地质学院学报），1986，11（1）：111-115.

[28] 武仙竹，李禹阶，刘武．旧石器时代人类用火遗迹的发现与研究［J］．考古，2010（6）：57-65.

[29] 毛卫民，王开平．铜器时代之前中西方的材料技术［J］．金属世界，2021（4）：1-7.

[30] 毛卫民，王开平．铜器与中西方文明的萌生［J］．金属世界，2020（4）：1-5.

[31] 赵匡华，周嘉华．中国科学技术史化学卷［M］．北京：科学出版社，1998：114，32，44-46.

[32] 李家治．中国科学技术史　陶瓷卷［M］．北京：科学出版社，1998：30-53，114-115.

[33] Teoh M L，McClure S B，Podrug E. Macroscopic，petrographic and XRD analysis of Middle Neolithic figulina pottery from central Dalmatia［J］．J. Archaeological Science，2014，50：350-358.

[34] Stempfle S，Linstädter J，Nickel K G，et al. Early Neolithic pottery of Ifrin' Etsedda，NE-Morocco-Raw materials and fabrication techniques［J］．J. Archaeological Science：Reports，2018，19：200-212.

[35] Buzgar N，Apopei A I，Buzatu A. Characterization and source of Cucuteni black pigment（Romania）：Vibrational spectrometry and XRD study［J］．J. Archaeological Science：Reports，2013，40：2128-2135.

[36] Sanjurjo-Sánchez J，Fenollós J L M，Barrientos V，et al. Assessing the firing temperature of Uruk pottery in the Middle Euphrates Valley（Syria）：Bevelled rim bowls［J］．Microchenical Journal，2018，142：43-53.

[37] 毛卫民．材料与文明［M］．北京：高等教育出版社，2020：115-120，184-189.

[38] 许并社，李明照．铜冶金工艺［M］．北京：化学工业出版社，2007：22.

[39] 毛卫民，王开平．中西方铜器时代差异分析［J］．金属世界，2019（4）：12-15，19.

3　中国及周边地区早期的冶铜与铜器

20 世纪初，中国才开始出现由欧洲人主导的现代考古学研究，随后中国的考古学逐步转为由本土学者主持。20 世纪 30 年代，中国考古工作者第一次发掘了古代铸铜遗址——殷墟铸铜遗址，开启了中国考古学背景下的青铜技术研究[1]，即开始了中国本土冶金史的研究。自此，中国的考古学者在一些蕴藏有铜矿的地区越来越多地发掘出了人工冶铜制品，包括公元前 2000 年以前的早期铜器[2]。

3.1　约公元前 3000 年及以前中国北方的铜器

1973 年在临潼姜寨仰韶文化遗址发现了中国迄今为止由人工冶铜技术制作的最早铜器，是一件含 25% 锌的薄圆形黄铜片，还有黄铜管残片（见图 3.1），其年代约为公元前 4700 年[3]。根据铜片的化学成分，推测该黄铜片的熔点为 950 ℃左右，就当时的高温技术水平而言，既可用高温冶铜技术，也可以借助块炼铜技术制作出来[4]，但估计当时更可能是用块炼铜技术制作。另外，1956 年在西安半坡遗址区发现一件由人工冶铜技术制作含 20% 镍的薄长条形白铜片[5]，所涉

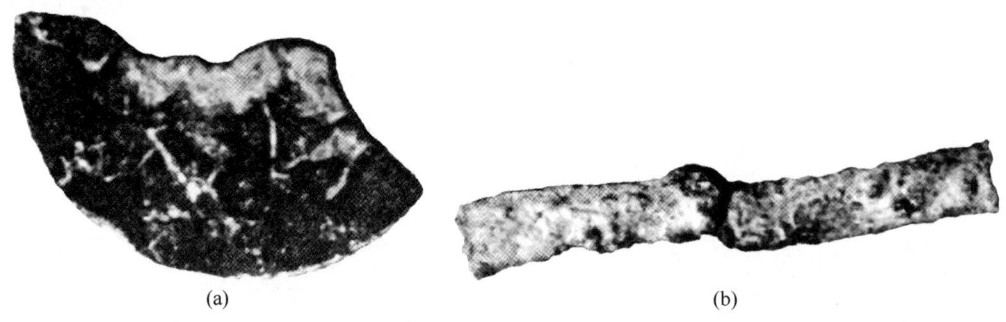

(a)　(b)

图 3.1　临潼姜寨仰韶遗址所发现约公元前 4700 年中国最早的人工冶铜实物[3]

a—黄铜残片；b—黄铜管

及的年代约为公元前4700年[6]。该白铜的熔点约为1200 ℃，就当时的高温技术水平而言，只可能借助块炼铜技术制作出来[4]。1980年对陕西渭南北刘遗址仰韶文化庙底沟时期的地层进行尝试性挖掘时还发现1件黄铜笄，年代为公元前3700年至公元前3100年[7]。

由于块炼铜技术无法显著改变或调整化学成分，因此借助块炼铜技术所制作铜器的化学成分主要依赖于当时所使用铜矿石的天然化学成分。例如，根据中国地质博物馆以及中国石油大学（华东）地质博物馆的资料和信息，自然界中的绿铜锌矿、锌孔雀石、镍黄铜矿等铜矿石就可以借助块炼铜技术直接转变成黄铜或白铜制品。

各种铜锌矿是可用于直接制作黄铜器的原料（见图3.2a），以绿铜锌矿和锌孔雀石为例，其主体的化学式分别为 $(Zn,Cu)_5(CO_3)_2(OH)_6$ 和 $CuZn(CO_3)(OH)_2$，分别含铜约30%和18.3%、含锌约30%和18.8%。冶铜加热过程中矿石发生分解，其中碳、氧、氢等元素散失后即可获得金属质黄铜。广东阳春市的阳春石莱矿区有绿铜锌矿的开采，贵州纳雍县的铜银矿床有锌孔雀石的开采。在新疆[8]、云南[9]等地发现蕴藏有绿铜锌矿，在黑龙江[10]、西藏[11]等地蕴藏有锌孔雀石。在距发现中国最早黄铜制品的临潼姜寨仰韶遗址以南、沿从甘肃到河南的陕西秦岭山脉有一片铜矿脉区[12]，蕴藏有众多的各种铜矿床，包括距姜寨仰韶遗址200千米范围之内的眉县和西安市鄠邑区[12]、商洛杨斜矿区[13]、柞水县的大西沟[14]、莲花沟[15]和穆家庄[16]、山阳县[17]等地的铜锌矿床、伴生铜锌矿、锌矿和铜矿复合矿区等。这些铜锌矿资源均可为姜寨的黄铜器提供矿石来源。

镍黄铜矿主体的化学式为 $(Cu,Ni)_9S_8$（见图3.2b），属于富含铜的铜矿其铜含量可为30%~60%、含锌量可相应地为37%~7%。加热时矿石分解，硫散失后，即可获得金属质白铜。在甘肃（见图3.2c）[18]、广西[19]、四川[20]、西藏[21]、新疆[22]、陕西（见图3.2d）等地均发现蕴藏有镍黄铜矿或铜镍矿，其中，陕西秦岭柞水—山阳地区镍黄铜矿的蕴藏地[23]与发现约公元前4700年白铜器的西安半坡遗址区很近。

1987年在内蒙古赤峰敖汉旗红山文化的西台遗址中发掘出了两组陶范，是约公元前4500年至公元前4000年用于铸造小青铜器的模具[24]。如果当时该青铜小模具所熔铸制作的属于锡青铜器，则所制作锡青铜的化学成分应仍与所使用铜矿石的天然化学成分密切相关。锡青铜器是中国铜器时代一种主要的铜器类型。在早期，有多种类型的铜矿均可用来直接制成青铜器。例如，天然硫锡铁铜矿和

(a)　(b)　(c)

(d)　(e)　(f)

图 3.2　中国可直接用于制作铜合金制品的铜矿石举例

a—内蒙古赤峰可制作黄铜器的铜锌矿（国家岩矿化石标本资源共享平台）；b—吉林可制作白铜器的镍黄铜矿（中国石油大学（华东）地质博物馆，于翠玲供图）；c—甘肃可制作白铜器的铜镍矿（甘肃地质博物馆）；d—陕西可制作白铜器的铜镍矿（国家岩矿化石标本资源共享平台）；e—内蒙古锡林浩特可制作锡青铜器的锡黄铜矿（内蒙古自然博物馆）；f—湖南可制作锡青铜器的黝锡矿（长安大学地质博物馆）

黄锡矿就适合用于直接制作早期的锡青铜器。中国地质博物馆的资料和信息显示，硫锡铁铜矿（类似于锡黄铜矿，见图 3.2e）和黄锡矿（即黝锡矿，见

图3.2f），其主体化学式为 $Cu_6FeSn_2S_8$ 和 Cu_2FeSnS_4，分别含铜41.0%和30.0%、锡25.5%和27.6%、铁6.0%和13.0%，冶铜加热使硫锡铁铜矿或黄锡矿分解后即可获得金属质锡青铜。在福建上杭、湖南常宁、新疆天山中部等地有硫锡铁铜矿的开采；在福建武平[25]、湖南大义山[26]以及河北兴隆[27]等其他一些地区也蕴藏有硫锡铁铜矿。在安徽铜陵、广西河池和南宁、湖南衡阳和郴州、内蒙古赤峰等地有黄锡矿的开采；在甘肃[28]、广东[29]、河南[30]、江西[31]、辽宁[32]、青海[33]、山西[34]、陕西[35]、四川[36]、新疆[8]、西藏[37]、云南[38]等地都发现蕴藏有黄锡矿，其中内蒙古赤峰的大井矿床与发现青铜模具的敖汉旗西台遗址较近。硫锡铁铜矿和黄锡矿等相关矿产的普遍分布成为中国早期在掌握人为控制铜器化学成分技术之前锡青铜器就比较普及的重要原因之一。由第2章的表2.3可知，当时内蒙古地区的窑炉加热温度已可以使黄锡矿所覆盖成分范围的锡青铜熔化，因此当地具备铸造青铜器的基本能力。但在如此早的时期应该尚不具备人为调整铜器成分的知识和能力，因此，所制作铜器的化学成分仍主要受控于铜矿石的天然成分。

1975年在甘青地区的甘肃东乡林家遗址马家窑文化晚期的地层中发现了一把通长12.5厘米的青铜刀（见图3.3a）[39]，其年代为约公元前3000年[40]；在青海同德县宗日遗址出土了约公元前3000年的砷铜刀（见图3.3b）[41]。2020年在吉木乃县的通天洞遗址则发现了约公元前3000年的锡青铜管残片，这是新疆目前已知最早的铜器[42]。在山西榆次源涡镇发现了约公元前3000年仰韶文化晚期的铜炼渣[43]，在辽宁朝阳牛河梁遗址发现了约公元前3000年红山文化纯铜制作的小铜环[44]。在山东泰安大汶口文化1号墓中发现了约为公元前30世纪的随葬骨凿表面附着有铜绿锈，疑似曾接触过铜制品[6]。参照自然资源部地图技术审查中心公布的标准亚洲地图[45]，在图3.4中用实心小圆圈符号标识出了这些考古发现的大致地理位置。表3.1简洁地归纳了中华文明区公元前30世纪及之前、上述早期铜器的考古发掘情况。

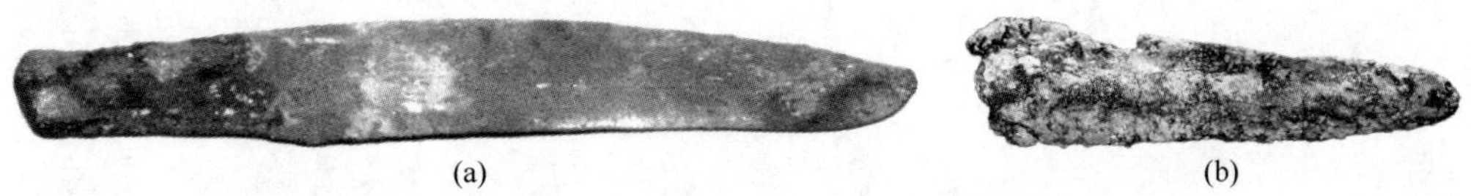
(a)　(b)

图3.3　中国铜器时代早期的铜刀

a—甘肃东乡林家出土约公元前3000年的青铜刀（中国国家博物馆）；

b—青海同德县宗日遗址出土的约公元前3000年的砷铜刀（青海省博物馆）

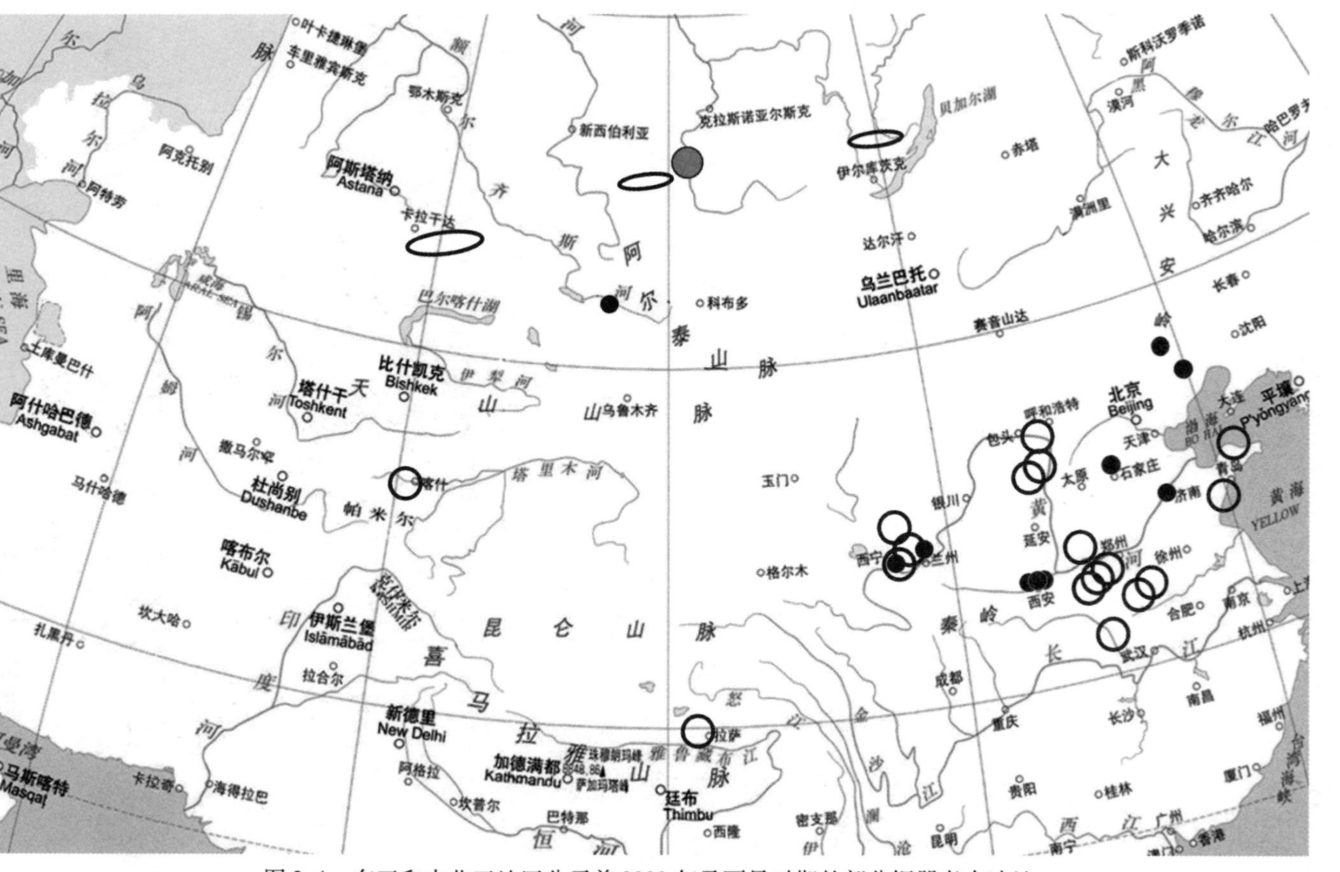

图 3.4　东亚和中北亚地区公元前 2000 年及更早时期的部分铜器考古遗址

（见表 3.1 和表 3.2，实心小圆圈：约公元前 3000 年及以前的诸铜器考古遗址；空心圆圈：公元前 3000 年至公元前 2000 年诸铜器考古遗址。实心大圆圈为汉代宫殿考古遗址。图上端三个椭圆为亚洲草原各萨满文化遗址，其中左：公元前 24 世纪至公元前 22 世纪克罗多沃文化遗址；中：公元前 22 世纪至公元前 20 世纪奥库涅夫文化遗址；右：公元前 26 世纪至公元前 21 世纪格拉兹科沃文化遗址）（审图号：GS 京（2024）2735 号）

表3.1 中华文明区公元前30世纪及之前早期铜器的考古发掘

时间范围	考古实物	铜器质地	发掘地点
公元前47世纪至公元前46世纪	铜片、铜管	黄铜	陕西临潼姜寨仰韶遗址
公元前47世纪至公元前46世纪	铜片	白铜	陕西西安半坡遗址
公元前45世纪至公元前40世纪	铸造小青铜饰模具	青铜	内蒙古赤峰市西台遗址
公元前37世纪至公元前31世纪	铜笄	黄铜	陕西渭南北刘遗址
约公元前3000年	铜刀	砷铜	青海同德县宗日遗址
约公元前3000年	铜刀	锡青铜	甘肃东乡林家遗址
约公元前3000年	铜管残件	锡青铜	新疆吉木乃县通天洞遗址
约公元前3000年	铜炼渣	红铜	山西榆次源涡镇遗址
约公元前3000年	铜环	红铜	辽宁朝阳牛河梁遗址
约公元前30世纪	铜绿锈（9.9%铜）	—	山东泰安大汶口遗址1号墓葬

3.2 约公元前3千纪（公元前3000年至公元前2000年）中国及中北亚草原的铜器

匈奴及其先祖和西域族群早期生存过的地区属于泛东方文明范围内游牧民族的萨满文化区。当今，对该中亚和北亚地区、即俄罗斯南西伯利亚中北亚地区的考古挖掘发现了公元前3000年至公元前2000年期间的铜器[46]。以众多萨满文化区的考古发掘为例，在贝加尔湖西北侧的萨尔明斯基岬墓地出土了约公元前26世纪至公元前21世纪格拉兹科沃文化的铜刀；在巴尔喀什湖以北，额尔齐斯河与鄂毕河之间的索普卡-2墓地出土了约公元前24世纪至公元前22世纪克罗多沃文化的铜饰物和铜片。1940年，在俄罗斯南西伯利亚哈卡斯自治共和国首府阿巴坎以南8公里处，即贝加尔湖以西匈奴地区的腹地发现了一座汉式宫殿遗址(见图3.4中实心大圆圈所标识出的位置)，被称为“最北方的汉式宫殿”。考察发现，这个汉式宫殿许多板瓦和瓦当上有“天子千秋万岁常乐未央”等字样，属建于西汉时期的宫殿[44]。在该汉代宫殿遗址西南方不远处、奥库涅夫文化区的切尔诺瓦亚-8墓地中发掘出了约公元前22世纪至公元前20世纪的铜匕首等。表3.2简捷地归纳了包括今天俄罗斯南西伯利亚地区公元前3000年至公元前

2000 年早期铜器在内的中华文明区及周边泛东方文明区的铜器考古发掘。图 3.4 上端用椭圆符号标识出了这些考古发现的大致地理位置。

表 3.2　中华文明区及周边泛东方文明区约公元前 3000 年至公元前 2000 年的铜器考古发掘

国　家	时间范围（文化）	考古实物	铜器质地	发 掘 地 点
俄罗斯（五帝时代匈奴先祖地区和西域地区）	公元前 26 世纪至公元前 21 世纪格拉兹科沃文化	铜刀	青铜	贝加尔湖西北侧，萨尔明斯基岬墓地
	公元前 24 世纪至公元前 22 世纪克罗多沃文化	铜饰物、铜片	青铜	巴尔喀什湖以北，额尔齐斯河与鄂毕河之间，索普卡-2 墓地
	公元前 22 世纪至公元前 20 世纪奥库涅夫文化	铜匕首	青铜	贝加尔湖以西，哈卡斯共和国，切尔诺瓦亚-8 墓地
中国	约公元前 2500 年	铜锛等	青铜	湖北天门石家河遗址
	约公元前 24 世纪	铜渣	—	河南淮阳平粮台遗址
	公元前 24 世纪至公元前 22 世纪	铜块	—	河南鹿邑栗台遗址
	约公元前 21 世纪	铜铃/铜齿轮器	红铜/砷铜	山西襄汾陶寺遗址
	约公元前 21 世纪	炼铜坩埚碎片	红铜	河南临汝煤山遗址
	公元前 30 世纪至公元前 20 世纪	铜饰残片	砷铜	青海同德县宗日遗址
	公元前 23 世纪至公元前 20 世纪	铜刀	锡青铜	甘肃永登蒋家坪
	公元前 20 世纪之前	刀/锥/斧/镰	红铜	甘肃武威皇娘娘台遗址
	公元前 22 世纪至公元前 20 世纪	残铜条/锥	—	山东栖霞杨家圈遗址
	约公元前 20 世纪	铜鬶残片	锡青铜	河南登封王城岗遗址
	约公元前 2000 年	熔铜残炉壁	青铜	河南郑州牛砦遗址
	约公元前 20 世纪	铜环、铜齿环	砷铜	陕西神木石峁遗址
	约公元前 20 世纪	铜镞	锡青铜	西藏拉萨曲贡遗址
	约公元前 2000 年	短柄铜刀	青铜	陕西榆林火石梁
	约公元前 2000 年	铜环	—	内蒙古准格尔旗二里半遗址
	约公元前 2000 年	残铜片/铜条	红铜/青铜	新疆疏附县苏勒塘巴俄遗址
	约公元前 2000 年	钻形器	黄铜	山东胶县三里河遗址

公元前3000年至公元前2000年，在中华文明核心区及周边其他地区不断地出现早期人工冶铜和使用铜器的考古发现（见表3.2和图3.4）。例如，根据很不完整的统计，在湖北天门石家河遗址发现了约公元前2500年的青铜锛，相关研究认为公元前30世纪之前在长江流域已经存在了人工冶铜行为[48]；在河南淮阳平粮台龙山文化城址发现了一块约公元前24世纪呈铜绿色的铜渣[49]；在河南鹿邑栗台遗址发现了公元前24世纪至公元前22世纪的一件铜块[50]；在山西襄汾县陶寺村南的陶寺遗址中发现了约公元前22世纪砷铜制作的铜铃和铜齿轮形器（见图3.5）[51]；在河南临汝县龙山文化煤山遗址发现了约公元前21世纪炼铜坩埚残片，内壁保留有六层残留红铜液层，含铜量达到95%[52]。在青海同德县宗日遗址还出土了许多约公元前3000年至公元前2000年的砷铜饰物残片[53]。在甘肃永登蒋家坪出土了约公元前23世纪至公元前20世纪马厂文化的青铜刀，在甘肃武威皇娘娘台遗址出土了约公元前20世纪之前齐家文化的铜质刀、锥、斧、镰等铜器[54]；在山东栖霞杨家圈遗址出土了一件约公元前22世纪至前20世纪的残铜条[7]，形似铜锥[55-57]。另外，在河南登封王城岗龙山文化四期灰坑内出土了一件约公元前20世纪由锡青铜铸造的铜鬶残片[58]；在河南郑州牛砦龙山文化遗址内[59]，发现了约公元前2000年熔化青铜的残留炉壁[60]。在陕西神木石峁遗址发现了约公元前20世纪红铜制作的铜环和砷铜制作的铜齿环（铜齿轮形器，见图3.5）[61]，在西藏拉萨曲贡遗址出土了约公元前20世纪锡青铜制作的铜镞[62]；在内蒙古自治区准格尔旗二里半遗址出土了约公元前2000年的一件铜

(a) (b)

图3.5 山西襄汾出土约公元前2300年至公元前1900年陶寺遗址的铜器（中国考古博物馆）

a—铜铃；b—铜齿轮形器

环[7]，在新疆疏附县苏勒塘巴俄遗址还发掘到约公元前 2000 年的红铜残片和锡青铜条[63]；在陕西榆林火石梁也出土了约公元前 2000 年的一件短柄铜刀[7]，属青铜器；在山东胶县三里河龙山文化遗址中发现了两件约公元前 2000 年的黄铜钻形器[57,65-66]。河西走廊地区的冶金考古研究认为[67]，约公元前 2100 年该地区就开始了铜冶金活动，已出现了红铜冶炼与砷铜冶炼，并且很早就开始尝试冶炼锡青铜。图 3. 6 展示了在甘肃各地出土的约公元前 2200 年至公元前 1700 年齐家文化铜器的一些实例。在甘肃河西走廊地区的考古工作发掘出了大量公元前 2000 年前后的冶金遗迹和远古铜器，显示出当时该地区空前的冶铜活动规模。

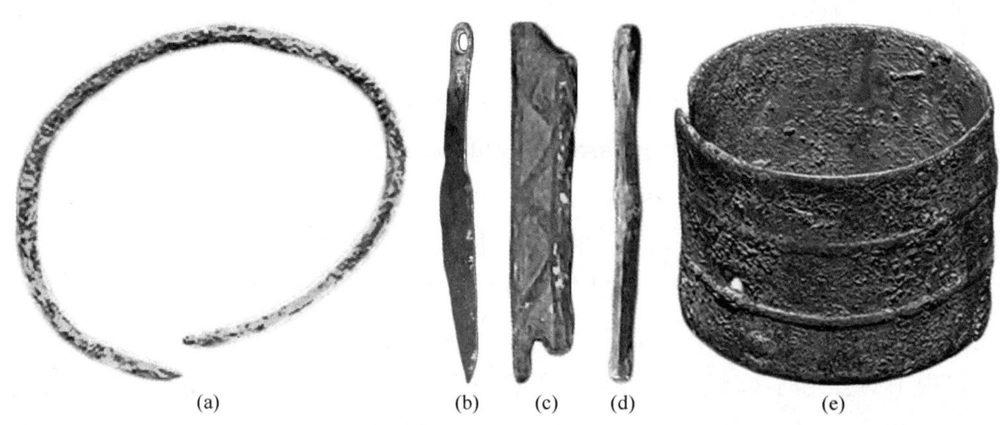

图 3. 6　甘肃各地出土约公元前 2200 年至公元前 1700 年齐家文化的各种铜器（甘肃省博物馆）

a—积石山新庄坪铜镯；b—康乐塔关村墓环首曲背铜刀；c—武威皇娘娘台铜柄型器；d—武威皇娘娘台铜钻头；e—铜撼臂

扫一扫看彩图

3. 3　中国早期铜器的化学成分

根据今天对铜及铜合金的定义，考古发现的公元前 3000 年及以前的铜器分别属于红铜、白铜、黄铜、锡青铜、砷铜等（见表 3. 1），公元前 3000 年至公元前 2000 年考古发掘的铜器也属于比较常见的红铜、锡青铜、砷铜等（见表 3. 2）。除了红铜以外，其他铜器的质地都属于铜合金范畴，即这些铜器具有各自独特的化学成分。然而，迄今为止的考古研究尚无法证实，当时中国各地的族群已具备了系统性控制铜合金成分的知识和能力。早期的人类在制作初期的铜器时通常只能就地取材。因此，所制作铜器的化学成分往往与当地铜矿资源是否还含有其他金属，以及含有何种金属（见图3.2）密切相关[2]。

在西方工业革命之前的两千多年，中国就知道，制作青铜器时调整铜与锡含量的比值会改变青铜器内部的结构，且经铸造和锻打加工后可导致不同的性能，并适合在不同的场合下服役。如公元前数百年战国后期的《考工记》曾记载[68]："金有六齐。六分其金而锡居一，谓之钟鼎之齐；五分其金而锡居一，谓之斧斤之齐；四分其金而锡居一，谓之戈戟之齐；三分其金而锡居一，谓之大刃之齐；五分其金而锡居二，谓之削、杀矢之齐；金、锡半，谓之鉴燧之齐"。"金"在这里指的主要是铜，文中表达的大致意思为：当所制作青铜器中"金"与锡的含量比值分别保持在6∶1、5∶1、4∶1、3∶1、5∶2、1∶1时，则分别适合于制作礼器、工具、各种兵器、炊具等，涉及了不同的应用和服役范围。显然，铜与锡构成比值的变化会导致成铜器性能和服役范围的变化。这被认为"是世界上最早关于合金配比的记载"[69]。《吕氏春秋·别类篇》(约公元前240年）记载："金柔锡柔，合两柔则刚"，这是世界上较早的有关铜、锡熔合后可改变青铜器强韧性能的叙述。《荀子》(公元前313年至公元前238年）中指出，铸造青铜时"形范正，金锡美，工冶巧，火齐得"，即要求铸范精确、原料纯洁、工艺细致、温度与成分适当，也是较早的有关铸造时涉及对铜器原料和加工要求的记载[70]。公元前2000年之前，全世界能考证到的系统性文字包括西亚苏美尔文明的楔形文字、北非古埃及文明的象形文字和南亚古印度文明的印章文字[71]。印章文字数量不太多，且至今无法解读；楔形文字和古埃及象形文字虽然有铜器乃至人工冶铜的记载，但至今并未发现涉及铜合金成分控制的记载。由此看来，《考工记》关于铜合金成分控制的记载很可能就是全世界最早的。中国早期领先世界的铜冶金理论为推动中华文明经历非常繁荣的铜器时代奠定了坚实的基础[70,72]。

如果公元前2000年之前，全世界各地的人类族群都不掌握控制铜合金化学成分的知识和能力，那么参照3.1节所述，所制作出的铜器分属于红铜、白铜、黄铜、锡青铜、砷铜等不同化学成分的原因只能是：各地所能获取的铜矿资源呈现出的以含铜为主或含铜的同时也含有了镍、锌、锡、砷等不同其他元素的结果(见图3.2)。若铜矿中还含有锌就可能制作出黄铜器，若铜矿中还含有镍就可能制作出白铜器，若含有锡就可能制作出锡青铜器，以此类推。因此，早期人们所能获得铜矿石的天然化学成分导致了所制作的铜器属于纯铜或各种铜合金，较少存在人为地系统性干预化学成分的因素。中国各地多样化的铜矿资源也为早期就制作出不同化学成分的铜器提供了基本的条件[28,43,73-75]。

如3.1节所述，陕西勉县、略阳县、宁强县、柞水县、汉中、宝鸡等地所蕴藏的含锌或含镍的铜矿床[73,76-80]以及内蒙古赤峰附近蕴藏的众多含锡的铜矿床[81-84]可以支撑起表3.1所示公元前5000年至公元前4000年陕西和内蒙古多地黄铜器、白铜器和锡青铜器的制作[2]。青海门源县的浪力克[85]和兴海县的朵科合[86]等矿区蕴藏有含砷的铜矿石，甘肃的白银厂[87]和西北部的公婆泉等矿区[88]，以及新疆的阿舍勒铜矿区[89]都有含锡的铜矿石，也可以支撑起各地于公元前3000年砷铜器及锡青铜器的制作（见表3.1）[2]。山西南部的铜矿峪[90]和洛家河等铜矿区[91]、辽宁东部的红透山[92]和凡河[93]铜矿区、山东泰安附近的埠口铜矿[94]及东部的王家庄铜矿[95]等蕴藏有可以仅借助低温人工冶铜技术制成红铜器的赤铜矿、孔雀石、蓝铜矿等次生氧化物低温铜矿及自然铜，足以支撑当时各地的红铜器制作（见表3.1）[2]。或许公元前2000年之前人们可以根据积累的经验，以特定比例混合就近获得的不同铜矿石，进而客观地控制了铜器的化学成分，并实现了较好的铜器性能。但就当时的认知水平和生产能力，人们尚难以产生《考工记》所描述的那种有目的地对铜器成分定量控制的认知，也难以大规模调动相距遥远的不同地区铜矿石，进而混合制作出特定化学成分的铜器。

综上所述[2]，公元前3000年以前中国多地已经开始出现人工冶铜技术和铜器的使用，在公元前3000年至公元前2000年中国各地人工冶铜技术与铜器的使用呈现出逐渐普及的趋势。东亚地区的铜器最早主要出现于陕西、甘肃、青海、内蒙古、新疆等中华文明圈的偏西北地区，以及山西、辽宁、山东等偏北方地区。公元前3000年之后，在山西、河南乃至西藏相继出现铜器的同时期，铜器也出现于中华文明区周边更大范围的匈奴先祖地区和西域地区。由于当时人的认知水平的局限，当时铜器的不同化学成分难以系统性地受到人为控制，主要取决于各地铜矿资源原有的成分或附近可获得不同矿石以一定比例的经验性混合。

3.4　高温技术优势与中国早期铜器的熔铸生产

20世纪中期以来中国考古发掘出了众多古代铜器，并获得大量研究成果，这些成果包括了考古发掘到的公元前3000年至公元前2000年，以及公元前3000年之前的许多铜器。同时，也发现了一些公元前2000年以前的人工冶铜遗址[96-97]，甚至在河西走廊还发现了约公元前3000年的铜矿渣（见图3.7）。分析显示，中国古代具备了发展人工冶铜技术的充分条件和机会[98]。而且在高温加热方面保有的技术优势[76]，使得中国所实施的早期人工冶铜技术就已经包括了高效、优质的高温人工冶铜，而且还会把冶炼出来的金属铜加热成液态，并铸造成型，即公元前3000年已经出现了以熔铸方式制作铜器的作坊。

图3.7 河西走廊火石梁遗址地区约公元前3000年的铜矿渣（酒泉市博物馆）

如3.1节所述，在内蒙古敖汉旗约公元前4500年至公元前4000年红山文化西台遗址中出土的是两组铸造青铜器的完整陶合范模具，属于红山文化中期用于铸造小青铜器的模具[24]。第一组单扇的外形为长5厘米、宽3.5厘米、厚2厘米的长方体，上面留有浇口，另一组为每扇长2.5厘米、宽2.1厘米，也留有浇口。另外遗址周边还出土了6件单扇的陶范，均为残件。在山西榆次源涡镇发现了约公元前3000年仰韶文化晚期的铜炼渣，在山东诸城呈子发现了约公元前3000年的铜渣和炼铜原料[43]。另外，在山东日照市天台山下的新石器时代遗址中也发现了约公元前4000年至公元前2000年期间的青铜冶炼遗迹[43,99]。约公元前3千纪（公元前3000年至公元前2000年）期间，在中国人工冶铜以及用熔化的铜液铸造铜器的现象逐渐普及。约公元前2000年前后的内蒙古赤峰药王庙夏家店下层文化遗址中曾发现了铜渣[43]。公元前2600年至公元前2100年湖北石家河文化遗址的铜器也显示，当时出现了高温人工冶铜技术和铸造铜器[100]。可见，基于足够好的高温技术，公元前3000年或更早的时期中国多地已经出现了高温人工冶铜并用熔化的铜液铸造铜器的现象。

然而，公元前2000年之前中国铜器的考古发现虽然遍及全国各地及周边地区，但整体上看，总体数量却不够充足[2]，以至诸如在陕西发现的约公元前

4700 年早期的黄铜和白铜制品等一些考古发掘[4,7]时常会遭到各种质疑，乃至公元前 2000 年之前中国是否曾存在过本土的人工冶铜技术仍需要做进一步的论证。如果公元前 2000 年之前中国已经有了人工冶铜技术，应另有原因（如铜器被回炉熔炼等）导致迄今的考古挖掘只能发现较少的古代铜器。

努力发展社会生产力，使之达到或尽可能多地超越温饱有余的水平是人类社会进入文明时代的必要经济基础[41,71]。与传统工具相比，铜工具表现出了更精巧、轻便、耐久，综合性能优良、不易损坏、可反复使用和再回收等诸多性能优势[101]，因此人类发明人工冶铜技术并进入铜器时代的原始驱动力在于，广泛推广使用铜工具可以大幅度地提高社会生产力。由此可见，大量制作和使用能直接提高生产力的铜工具是铜器时代初期的必然选择。作为劳动阶层的普通民众在当时的社会虽然会大量使用铜工具，但并不会把铜工具视为珍宝，也不会把劳动工具大量带入墓葬，因为工具无法展示出值得炫耀的社会地位和财富。在铜工具总量还不充裕的铜器时代早期，尚且良好的铜工具会被继续使用，而那些失效、废弃的铜工具则不可避免地被设法大量地回炉熔化或改制成新铜器。有鉴于此，今天能够借助考古发掘获得的铜器主要是得到妥善保留的非生产用铜礼器和军事首领阶层保存的铜兵器。今天的考古挖掘也发现了大量先秦时期的铜工具[102]，包括公元前 2000 年之前的铜工具[4]。但如果用最终留存至今的铜工具的数量与已发掘出的铜礼器和铜兵器比较，则相应的比例关系已经远远偏离了历史上的真实情况，以致一些人会误认为，先秦时期的社会并未大量制作出对于维持社会经济水平至关重要的铜工具，殊不知因铜器可回收再利用的特性，许多铜工具都被重新加热熔化、加工成新的铜器，进而湮灭掉了其原始的形态。

3.5　大规模重熔生产与中国大量远古铜器的湮灭

对石家河文化中期的铜器分析表明[103]，当时很少丢弃损坏的铜器，其中大部分被重熔、重制，这显然意味着当时的高温技术可以比较容易地熔化已成形的铜器。如今经考古发掘并偶然发现的铜器件数远不能代表曾经实际使用过的铜器数量，因为当时许多铜器因重熔而消失了。约公元前 2600 年至公元前 2500 年的湖北屈家岭遗址地层出土了一件斧形铜锭，该铜锭是准备与其他被废弃的铜器混合、用于后续铸造成新铜器过程中的半成品，因此当地损坏的铜器被重熔、重制的比例也非常高，很少被丢弃或埋藏[103]。约公元前 2000 年或更早，陕西神木石峁遗址周边已存在铸铜生产，当时的铜料还比较珍贵，金属锭块、浇口和飞边等铸造废料、铸造废品，甚至锉磨产生的金属颗粒均会被回收重熔[104]。夏、商、周之前，早期制作的铜器主要是小型工具或装饰品，废弃后很容易被送去重熔并重新制成新铜器。

公元前2000年之后的夏、商、周时期，中国逐渐进入了铜器时代的顶峰时期，高温加热能力不断提高，到了商代出现了超过1200 ℃才能烧制出的原始瓷器[105]，因此重熔残缺、废弃、失效的铜器及铜器的边角料日益成为普遍的行为。在陕西夏代朱开沟遗址中发现的一些铜容器残片可能就是待重熔回收的原料[106]。湖南湘江流域因重熔了中原地区的铜器，才制成了与中原铜器化学成分相近，但呈现出本地晚期商代外形风格的铜器[107]。

进入西周时期后，人工冶铜过程通常会先把铜矿石熔炼成铜锭（见图3.8a），再经熔化、铸造加工制作出铜器，且铸铜作坊不断将锡青铜残片进行重熔利用。河南荥阳官庄遗址的铸铜作坊就以重熔的方式利用以往的各种金属资源，该地出土的一些碎铜片可能就是待重熔的金属原料[108]。陕西岐山县西周孔头沟遗址的铸铜作坊与同期周原李家和洛阳北窑两处铸铜作坊的产品大体相同，但孔头沟遗址铸铜作坊在实施金属熔炼、铸造活动的同时，并不以铜矿石为原料实施常规的冶铜活动，属于专门以纯铜、粗铜和废旧铜器为原料从事铸造青铜器的作坊，且该作坊的运作时间从西周中期持续到西周晚期[109]。对河南省洛阳市北窑村西周时期相似铸铜作坊遗址的研究显示[110]，当时铸铜作坊使用牛皮橐向铸造熔炉内鼓风，使得一般的熔炉温度达到了1200～1250 ℃，远高于铜器的熔点[110]。

(a)

(b)

图3.8 人工冶铜制作的周代铜锭

a—公元前1046年至公元前771年；b—公元前770年至公元前476年（上海博物馆）

东周春秋时期，优良的高温技术普及各地，人工冶铜过程基本都是先把铜矿石熔炼成铜锭（见图 3. 8b），再经重熔后铸造成各种铜器。对湖北钟祥黄土坡墓地所出土春秋青铜器的分析显示，各种金属资源逐渐变得越来越丰富，并不总是需要借助重熔的方式保持铜器的产量[111]。分析陕西春秋初期韩城梁带村墓地出土铜器的制作过程可以看出，如果铜器质量过于粗劣，就会重熔再铸，且因质量不达标而回炉重铸的铜器不在少数，以致当时青铜器的质量普遍较高[112]。对陕北东周时期铜器及冶铸遗物的分析，展现出当地重熔旧铜器仍是常见的现象[113]；上海地区广富林遗址的研究也显示出，春秋时期存在将一些青铜器重熔后再铸造出其他器物的情况[114]；东周晚期，山西长治在部分铜器的生产过程中同样会回收并重铸早期的铜器[115]。

春秋初期，不仅铜器旧了可以重铸，而且不用了可以改铸别的铜器，且铜器被视为国家的重器，在打了胜仗后，往往把俘获的兵器改铸为别的铜器[116]。一些公元前 771 年至公元前 256 年东周时期青铜器上的铭文显示：为了铸造新的礼器，需在战斗后熔化铜武器[117]。在湖南南部衡阳、郴州、永州等地战国时期的铜器中，高等级贵族使用的青铜器往往采用精炼程度较高的新炼材质来重熔和配比合金，而低等级贵族使用的青铜器则可能仍使用了废铜或其他成品重熔，因而很难精准控制合金比例，导致成分波动范围很大[118]。

分析认为[119]，在夏、商、西周各时期都发现有各种铸铜遗迹，包括夏代的河南偃师二里头的铸铜遗址，商代的河南偃师商城、郑州商城、安阳殷墟等处的铸铜遗址，西周时期陕西长安马王村和张家坡、岐山周公庙、扶风李家村等处也有铸铜遗址。另外，在湖北盘龙城商城的夏商时期遗址、在山西运城东下冯商城、在江西新干大洋洲、在河南郑州小双桥和南阳十里庙、在陕西西安老牛坡与蓝田县怀珍坊等众多商代遗址，以及在陕西岐山劝读、山西天马-曲村、陕西宝鸡周原齐家北齐镇等西周时期遗址都发现有早期铸造铜器的遗迹。观察商周时期铸铜遗存的出土地点，既分布于都城附近的遗址，也发现于非都城遗址，因此商周时期铸铜业和铜器的使用应比较普及，同时流行于贵族阶层和普通民众[119]。

实际上，早至西周时期在铜器的铭文上就已经描述了回收重铸武器、容器等相关事件[120]。司马迁的《史记》中也记载了秦始皇回收天下兵器而铸十二巨型铜人的事件。这种大规模、普遍的回收与重熔，导致商代铜器的成分会影响到周代的铜器，中原地区铜器的化学成分也会影响到北方草原地区的铜器[120]。

从上述考古研究分析，一方面，先进的高温技术促进了中国早期极为繁荣的铜器时代[121]；另一方面，从冶金考古的角度观察，中国早期在高温技术方面的传统优势也会产生不利于考古证据保存的负面效应。中国出现人工冶铜技术的前期，社会上流通的铜器总量并不十分充沛，因而人们通常并不会随便丢弃经使用而失效的铜器。优良的高温技术及在各地的普及使得人们很容易把损坏、废弃的旧铜器收集起来重新熔化，然后再制成新的铜器使用。由此导致各地的考古遗址中所发掘到的石质器具与铜器的总体比例并不能确切地反映出当时社会生产与生活中二者使用的真实比例[122]。这是因为石质器具损坏后只能被丢弃，而青铜工具若在使用中磨损、破废，就可以熔化改铸为新工具，且可再磨损、破废而再改铸，以致大量湮灭掉了曾经出现的铜器，大幅度减少了可供考古发掘的铜器遗骸[123]，包括2.3节涉及的那些或许在中国更早时期曾出现过的许多自然铜制品。

与传统石器相比，铜器具有较长的服役周期和使用寿命[101]。随着人工冶铜技术的进步，商周时期新铜器的制成速度必然高于失效旧铜器的废弃速度。诸如持续运转到西周晚期的陕西岐山县孔头沟青铜器作坊，专门以废旧铜器为原料从事铸造生产[109]。为维持生产运转，这类作坊不仅需要回收即时废弃的铜器，而且还必然主动搜寻和回收历史上遗留下来的废旧铜器，尤其是那些并不受到人们重视的废旧铜工具。由此导致了今天可借助考古发掘而获得的铜器，尤其是铜工具的大量缺失。

综上所述，中国长期的高温熔炼和重熔技术的实施，以及各地不从事以铜矿石冶炼为主的专业铸铜作坊的长期存在，在铜器时代结束前大量地毁灭掉了早期已生产出并被废弃的铜器，极大地减少了中国早期社会曾经出现过且今天考古发掘能够找到的铜器数量，并掩盖住中国早期人工冶铜发展状态的真面目。由此可见，不能期待仅仅依靠已发现的考古铜器或早期铜器文物的数量就能正确地评价中国早期的铜器时代。已发现了古代铜器可以说明该铜器及相应人工冶铜技术在历史上的真实存在，而没有发现足够多且应该存在过的铜器，并不能完全否认其曾经存在过的历史。因此，在根据考古发掘获得的铜器对中国铜器时代的早期做出某种判断时需要采取更为慎重的态度。

3.6 温饱有余的生产力水平与非实用铜器的出现

进入文明时代以来，社会所能实现的生产力越来越明显地超过了人类温饱生活的需求，即人类除了从事满足温饱的劳动外还有多余的生产能力，进而逐渐出现了社会温饱生活以外的各种需求，包括娱乐、祭祀、礼仪、庆典、装饰等多方面的精神需求。出现为满足人类社会精神需求的生产力是文明时代的重要特征。

英国大英博物馆藏有西亚两河流域伊拉克早王朝时期的一个大型铜板浮雕：狮头鹰与鹿，铜板高 107 厘米、宽 238 厘米，估计为公元前 2900 年至公元前 2400 年期间的铜器（见图 3. 9a）[124]。当时西亚的人类社会已经进入文明时代，这件铜器显然属于满足精神需求的非生产用器。在河南偃师二里头出土了公元前 21 世纪至公元前 16 世纪中国夏代的一件方格纹铜鼎（见图 3. 9b），鼎高 20 厘米、口径 15. 3 厘米，在当时属于较大的铜器。鼎属于带有支架或足的大锅，用于烹煮饮食；这个方格纹铜鼎或许仍具有实用烹饪功能，但也可能已经具备了祭祀的功能。

(a)

(b)

扫一扫看彩图

图 3. 9　中西方文明区的早期铜器

a—公元前 2900 年至公元前 2400 年西亚伊拉克早王朝时期的铜板浮雕：狮头鹰与鹿（大英博物馆）[124]；b—公元前 21 世纪至公元前 16 世纪河南洛阳偃师二里头的方格纹铜鼎（洛阳博物馆）

中国社会进入文明时代以后，鉴于在高温技术[76]和铜矿资源[98]方面的优势，中国制作和使用铜器的行为迅速而广泛地普及到各地。早期青铜工具普遍而大量地使用[102]极大地推动了生产力水平的提高，致使满足社会温饱之外的有余程度大幅度升高。充裕的经济能力可以极大地满足人们对精神生活的追求，导致先秦时期人们大量地制造出各种非生产用的豪华礼器，以支撑社会在礼仪、祭祀等方面的需要。这类铜质礼器的特征往往表现为超大的尺寸、体积和重量。如公元前2000年至公元前1500年夏商时期内蒙古赤峰翁牛特旗的青铜鼎高53.9厘米、口径37.7厘米（见图3.10a）。在河南郑州出土了公元前1600至公元前1300年早商时期，高100厘米、长62.5厘米、厚61厘米，单件86.4千克的乳丁纹方鼎（见图3.10b）[125]。

更有甚者，到了公元前1300年至公元前1046年的晚商时期，在河南安阳出土了高133厘米、长112厘米、厚97.2厘米的后母戊鼎（见图3.10c），其质量达到832.84千克，是当时单件最重的青铜器。分析显示，后母戊鼎的铸造制作工艺非常复杂，其鼎耳是主体铸造完成后再安装铸范附加浇铸而成，但其鼎身和四个鼎足是整体铸造成的。同时期同样在河南安阳出土了高温人工冶铜使用的陶坩埚，一次可熔铜12.5千克（见图3.11）。当时或许还曾有过更大的陶坩埚，但无论如何都不可能一次容纳800千克的熔铜，因此后母戊鼎的铸造必定是同时开动许多熔炉，在一系列陶坩埚中已同时熔化出大量高温液态铜，并在统一指挥下依次把熔铜浇入后母戊鼎的模范腔中铸造成形。这种大规模、组织精细、有条不紊的浇铸行为，不仅反映出当时先进的铸造技术水平和强大的社会组织能力，而且也体现出当时在温饱之上绰绰有余的经济水平。有鉴于此，当时所制作的非生产用铜器不仅探求庞大的体重，而且还追求精美的艺术风格，如公元前1300年至公元前1046年晚商时期湖南宁乡出土的高58.3厘米、52.4厘米见方、34.5千克的四羊方尊（见图3.10d）[126-127]。这种对铜器制作技艺的精美追求体现出了当时在精神追求方面的能力和水平。

先进而发达的铜器制作技术造成了繁荣的文明时代[72]和强大的社会经济能力，以致上层贵族获得了不断追求大量制作和使用各种非生产用青铜礼器的闲暇，进而使得这些礼器逐渐呈现出保留和珍藏的价值。一方面，当贵族去世后，这些礼器又往往作为随葬品随之进入了墓葬，较少因中国高温优势下的频繁重熔处理而湮灭[123]，甚至还会特意大量制作殡葬用的大型礼器[128]。另一方面，鉴于职业的关系，上层的军事首领以及贵族也会大量保有自己喜爱的青铜兵器，并在去世后把各种兵器作为随葬品带入墓葬。因此，人们今天得以借助考古挖掘而获得大量保留至今的早期铜质礼器和兵器。

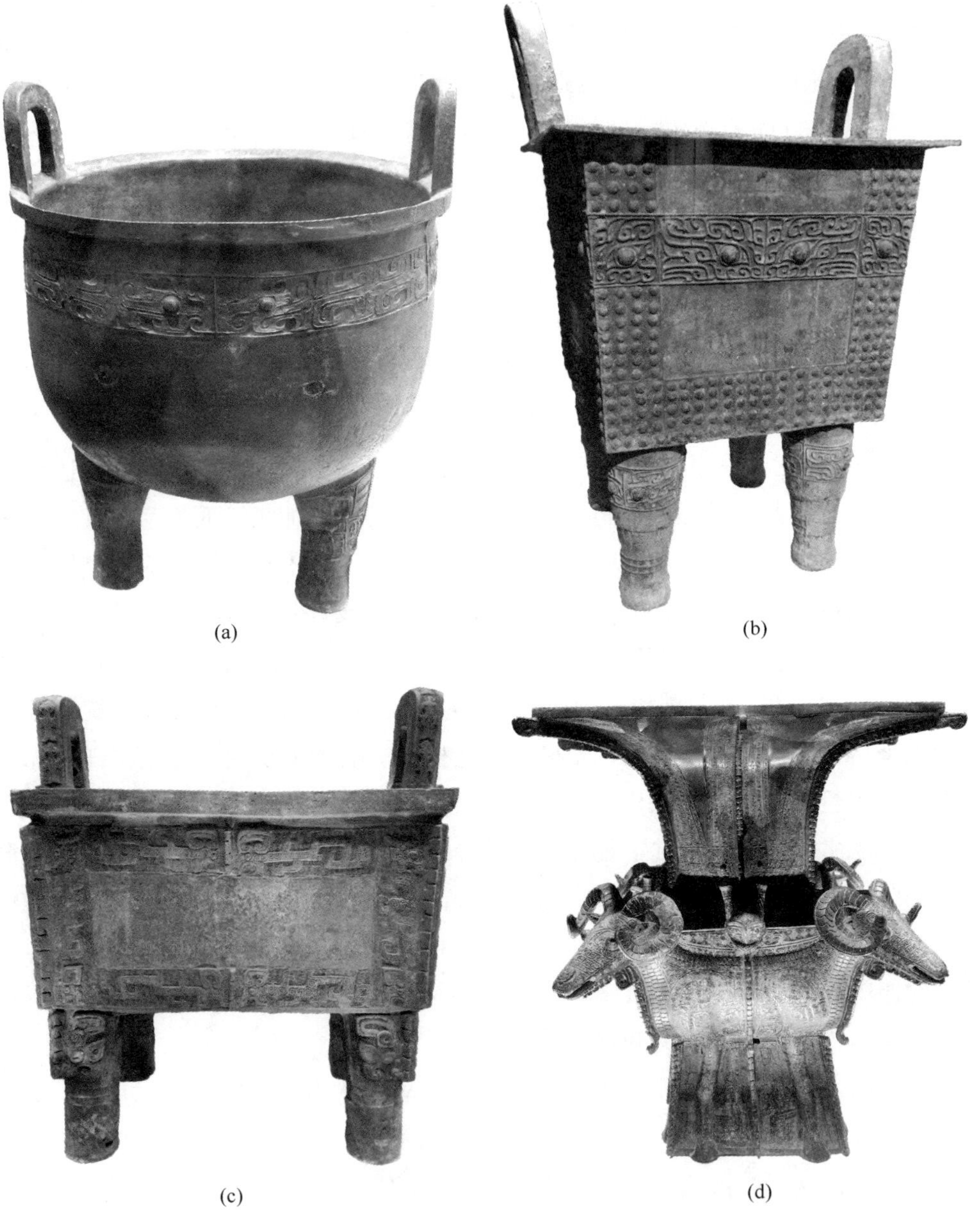

(a)　(b)

(c)　(d)

图 3.10　中国夏商时期大型铜器（中国国家博物馆）

a—公元前 2000 年至公元前 1500 年内蒙古赤峰翁牛特旗青铜鼎；

b—公元前 1600 年至公元前 1300 年河南郑州大型乳丁纹方鼎；

c—公元前 1300 年至公元前 1046 年河南安阳超大型的后母戊鼎；

d—公元前 1300 年至公元前 1046 年湖南宁乡精美的四羊方尊

扫一扫看彩图

图 3.11 公元前 1300 年至公元前 1046 年河南安阳高温人工冶铜使用的陶坩埚
（一次可熔铜 12.5 千克，中国国家博物馆）

3.7 高温技术优势下的中国铜器

如 2.5 节所述，早期的人工冶铜技术分为低温冶铜和高温冶铜。在人类所掌握的加热能力无法达到 1000 ℃的情况下多采用低温人工冶铜，即块炼铜技术制作铜器，这种技术往往仅适合冶炼氧化物类铜矿石，即低温铜矿石。如果需要制作大尺寸的铜器就需要经过后续的锻打拼接加工，把多件低温冶铜制品连接成大尺寸的铜器，图 3.9a 所展示的狮头鹰与鹿铜板浮雕即属于低温冶铜后经锻打拼接而成的大件铜器。天然铜矿石的成分并不均匀，含有很多杂质，在低温冶铜过程中被加工的铜器始终无法进入完全熔化状态，因此这种状态的铜器不仅各处的化学成分很难均匀化，而且铜器内部的杂质也不得不被保留下来，由此降低铜器的强度，且伤害到铜器的使用性能，因此由低温冶铜制作的铜器往往只能实现较低的质量。

当人类所掌握的加热能力达到并超过 1000 ℃时即可采用高温人工冶铜制作铜器，这种技术适合于冶炼所有类型的铜矿石。在高温冶炼过程中，一方面，铜矿石转变成铜的同时还转化成液态的铜，液体的流动性不仅可以促使铜内部成分均匀化，而且还有利于排除液体内的杂质，易使所制作出的铜器化学成分均匀、杂质含量少、性能优良、质量高。中国具有的传统高温技术优势使得中国很早就普及了用高温人工冶铜技术制作铜器，如图 3.9b 所示的方格纹铜鼎就是高温人工冶铜制品。另一方面，来自多个熔炉坩埚的大量熔化铜液可以共同铸入同一个铸范模腔内，从而直接制造出极大尺寸的单件铜器，如图 3.10a、图 3.10b、

图 3. 10c 所示的中国夏商时期大型铜器青铜鼎、乳丁纹方鼎、后母戊鼎。借助精细地加工铸范模腔还可以制作出外形精美的铜器（见图 3. 10d）。

由此可以看出，铜器时代早期，在环地中海地区的高温加热技术呈现出一定的局限性（见表 2. 4），因此往往只能采用低温人工冶铜技术制作铜器，所制作单件铜器的尺寸也会受到限制，或经常需借助后续的锻打拼接加工来完成所制作铜器的各个功能部位，且其强度、性能、质量远低于由高温加热技术制造出来的铜器，也很难制造出大型铜器制品，如在希腊国家考古博物馆所陈列的考古文物中很难找到早于公元前 1000 年的大型铜器。图 3. 12 给出了在希腊国家考古博物馆所发现的少数几件尺寸最大的铜器，均为铜釜类烹煮容器，其口径约为 20 多厘米（见图 3. 12a）、30 多厘米（见图 3. 12b）或腰径为 40 多厘米（见图 3. 12c），其重量均大致涉及几十千克范围。如果给釜安装上足，如三足釜（见图 3. 12a、b）即成为中国古代所称的“鼎”。

(a)　(b)　(c)

图 3. 12　环地中海地区略早于公元前 1000 年的大型铜釜（希腊国家考古博物馆）

a—约公元前 14 世纪至公元前 13 世纪希腊迈锡尼打制三足釜（口径为 20 多厘米）[129]；

b—约公元前 12 世纪希腊梯林斯（Tiryns）三足铜釜（口径为 30 多厘米）[101]；

c—约公元前 12 世纪古希腊大铜釜（腰径为 40 多厘米）[4]

图 3. 12 各铜釜的外观均显得比较粗糙，且釜足和釜把手均经锻打拼接与釜体相连接，因此这些铜斧应是借助低温冶铜技术制作而成。基于低温技术的局限，当时的古希腊很难制作更大尺寸的铜釜。另外，从外观的形态还可以判断出，当年这些铜器会被频繁地用来烹煮、储留食物或其他物品，都属于实用器，这反映出当时的古希腊人在日常生活中曾较多地使用这些铜器，而且由于古希腊有限的高温人工冶铜技术，这些制品通常不会被重熔，因此也可以保留下来。

虽然图 3. 12 的三足釜也与中国铜器时代的铜鼎类似，然而，同时期中国夏商时使用铜器的行为则呈现出一番不同的景象。以铜鼎为例，图 3. 13 展示了中国夏商时期在各地曾出现过的各种大型铜鼎。与古希腊的铜釜相比，中国同时期

(a) (b)

(c) (d)

(e) (f)

(g)　(h)

(i)　(j)

(k)　(l)

(m) (n)

(o)

扫一扫看彩图

图 3.13 中国夏商时期的各种大型铜鼎

a—公元前 18 世纪至公元前 16 世纪云纹鼎（上海博物馆）；b—公元前 16 世纪至公元前 15 世纪兽面纹鼎（上海博物馆）；c—公元前 16 世纪至公元前 15 世纪湖北宜昌大铜鼎（湖北省博物馆）；d—公元前 16 世纪至公元前 11 世纪铜鼎（山东博物馆）；e—公元前 16 世纪至公元前 11 世纪山西平陆乳钉纹方鼎（山西博物院）；f—公元前 16 世纪至公元前 11 世纪辽宁朝阳饕餮纹大圆鼎（辽宁省博物院）；g—公元前 16 世纪至公元前 11 世纪江西新干虎耳刻扁足青铜鼎（江西省博物院）；h—公元前 16 世纪至公元前 11 世纪湖南宁乡人面铜方鼎（湖南省博物院）；i—公元前 16 世纪至公元前 11 世纪湖南宁乡庚戈父铜鼎（湖南省博物院）；j—公元前 15 世纪湖北黄陂青铜鼎（中国国家博物馆）；k—公元前 15 世纪至公元前 13 世纪兽面纹鼎（上海博物馆）；l—公元前 14 世纪至公元前 11 世纪子龙青铜鼎（中国国家博物馆）；m—公元前 13 世纪至公元前 11 世纪陕西礼泉饕餮纹鼎（陕西历史博物馆）；n—公元前 13 世纪至公元前 11 世纪陕西扶风嗓（sāng）鼎（陕西历史博物馆）；o—公元前 13 世纪至公元前 11 世纪龙纹扁足鼎（上海博物馆）

的铜鼎全都是经高温人工冶铜后铸造而成，不仅仅有重量达到800多千克的后母戊鼎（见图3.10c），而其他铜鼎均非常厚实、沉重，显然用料更多、制作更精美、艺术价值更高；此外这些铜器大多数还是用于礼仪或祭祀的非生产用礼器[130]。与古希腊相关铜器比较出的这种差异，在其他大型同类膳食铜器或盛液体容器的相同比较中也存在，甚至更加突出[131]。查遍中国和欧洲各地的考古博物馆可发现一种有趣的现象，就是中国各地博物馆展示的铜器时代的铜器展品多得可以说是堆积如山，而环地中海地区当时的铜器展品则相对比较稀缺。这足以说明了当时中国铜器使用量非常大，且有能力在经济生产之外花费巨大的精力和大量铜料、大规模地制作既非用于生产，也非用于日常生活的铜器。由此反映出，相对于环地中海地区，当时中国社会的铜器生产和经济能力的更高发达程度。

3.8　中国繁荣的铜器时代

今天若想了解人类社会在几千年前的铜器时代到底生产了多少铜器是非常困难的事，因为当时并未能留下很多直接的相关文字信息，尤其是那些对铜器产量具有统计价值的信息。人们只能根据考古发掘到的一些远古铜器、远古采矿冶铜遗址、有限的文字信息对当时的铜器产量进行一定的推测，进而获得并不十分准确的定量信息。

长江中下游地区是铜器时代中国主要的古采矿冶铜遗址分布区，迄今为止在该地区的远古人工冶铜遗址中已经有了一些考古发掘。如湖北铜绿山是古荆州的产铜基地，在该基地的冶铜遗址上堆放的炼渣有几百万吨，涉及了商周铜器时代的1000多年[132]。经铜绿山部分冶铜遗址的考古发掘，发现了多达40万吨的铜炼渣[133]。以先秦时期的铜器生产为主进行推测，造成这些铜炼渣所对应的粗铜生产量应达到了8万~12万吨[133-136]。安徽省内有20处先秦时期的铜矿点，矿点附近的冶铜遗址所堆积的铜炼渣达百万吨以上，其中南陵地区冶铜遗址的铜炼渣有约30万吨[137]。以先秦时期为主，铜陵地区堆积下来的铜矿渣总量约在40万吨[132]，而在滁州市的何郢遗址堆积的铜矿渣则估计有50万吨[138]。在江西瑞昌铜岭遗址古采矿区发现了夏商时期数十万吨的冶炼矿渣[136]。以上并不是对湖北、安徽、江西三省商周时期人工冶铜生产完整的考古发掘与统计。如果以铜矿渣堆积量的十分之一来粗略地推算当时的铜产量，则从商周初期至末期的一千多年以来，长江中下游的湖北、安徽、江西三省在上述冶金遗址区域总共生产了约100万吨或更多的粗铜。如果考虑三省完整的冶金考古数据，以及中国其他各省同时期可能的粗铜产量，中国商周时期铜器的总产量一定是个非常大的数字。

Hong等概述了7000年以来环地中海地区铜器生产和传播的历史[139]，现把其中涉及自进入铜器时代至铁器时代来临期间，环地中海地区人工冶铜生产情况的描述大致转述如下（其中的铜时代“Copper Age”也可以理解成红铜时代）：“远古时期，人类最开始把自然铜用于装饰和庆典。在（红）铜时代出现火法冶金后，简单地还原熔炼那些在地表风化带中发现的碳酸盐和氧化物矿石，就可以小规模地生产出（红）铜。随着青铜时代古代文明的发展，人们对铜的需求量持续增加。鉴于在有限的范围内可获得的碳酸盐和氧化物铜矿产越来越枯竭，古代冶金学家把注意力集中到地表氧化带以下富集的硫化物矿石上。约公元前2500年，冶金技术的重大进步导致了硫化矿冶炼新技术的发展。新技术涉及若干焙烧、冶炼和氧化步骤。此后，东地中海盆地、小亚细亚、奥地利、西班牙和爱尔兰等地区的铜产量显著增加。据估计，青铜时代晚期（公元前2000年至公元前700年）该地区累计的铜产量约为50万吨，即平均产量约为400吨/年（由于缺乏历史文献，该数据存在相当大的不确定性）。”

这里提到的碳酸盐和氧化物铜矿产都属于氧化铜类矿。如2.1节所述，氧化铜类矿属于低温铜矿石，而硫化铜类矿则属于高温铜矿石。当时环地中海地区可以冶炼氧化铜类矿，却无法冶炼硫化铜类矿，说明该地区当时应用的主要是低温人工冶铜技术，并没有形成成熟的高温人工冶铜及其他配套技术。这一描述的状况也与图3.9a和图3.12所示的环地中海地区早期大型铜器多为低温人工冶铜制作的观察相符。有鉴于此，当氧化铜类矿枯竭时，直到公元前2500年冶铜技术取得突破前，该地区的铜器生产就不得不陷入长期低迷状态。实际上，即便在人工冶炼硫化铜矿的技术上取得了突破，从公元前2000年至公元前700年的1300年间在东地中海盆地、小亚细亚、奥地利、西班牙和爱尔兰等大范围环地中海地区总共生产了仅50万吨铜，而公元前700年已经进入了铁器时代。由此可见，与中国的铜器时代相对照，环地中海地区的铜器时代大体上始终处于相对低迷和欠发达的状态[4]。

中国商代的商王武丁曾在约公元前1250年至公元前1192年期间执政[140]，其间他的夫人妇好去世。如今在妇好墓室共出土青铜器468件[128]，出土铜器的总重量约1.6吨[141]，绝大部分都是非生产用的礼器，如重50.5千克的亚弜圆鼎

(见图 3.14a)、重 117.5 千克的司母辛方鼎 (见图 3.14b)、三联甗、斝、瓿、卣、爵、觚、彝、觯、觥、甑、簋、钺等众多大中型铜器。墓葬中大量的青铜器一方面显示出当时商代社会在使用铜器方面极高的使用量和普及率；另一方面，以非生产用礼器为主的铜器也显示出当时社会的铜器制作量已远超过日常生产、生活铜器的需求量。

(a)　　(b)

图 3.14　公元前 16 世纪至公元前 12 世纪河南安阳妇好墓中的青铜鼎 (中国考古博物馆)[128]
a—亚弜圆鼎 (通高 72.2 厘米、口径 54.5 厘米、重 50.5 千克)；b—司母辛方鼎
(通高 80 厘米、口长 64 厘米、口宽 47.6 厘米、重 117.5 千克)

公元前 1255 年著名古埃及法老拉美西斯二世的王后奈菲尔塔利去世，在她的墓葬中随葬了大量木乃伊、碑刻 (见图 3.15a)、精美字画等，但鲜有铜器出现[130]。当时的埃及社会已在日常生产和生活中使用铜器，多为小尺寸铜器 (见图 3.15b、c)，但奈菲尔塔利的墓葬缺失随葬铜器显示出，当时埃及贵族妇女的日常生活和礼仪活动中并不会频繁地接触铜器[130]。从图 3.12 展示出的环地中海地区低温人工冶铜所制作的较小型实用性铜器，可以简洁地反映出当时环地中海地区的社会并未能获得足够多的铜器，因此也无法支撑起贵族社会有更奢侈的需求。

根据中国与环地中海地区铜器的生产技术、生产量、使用情况等多个方面的观察，可以看出中国在公元前 1000 年以前的文明时代确实经历了一个非常繁荣的铜器时代。

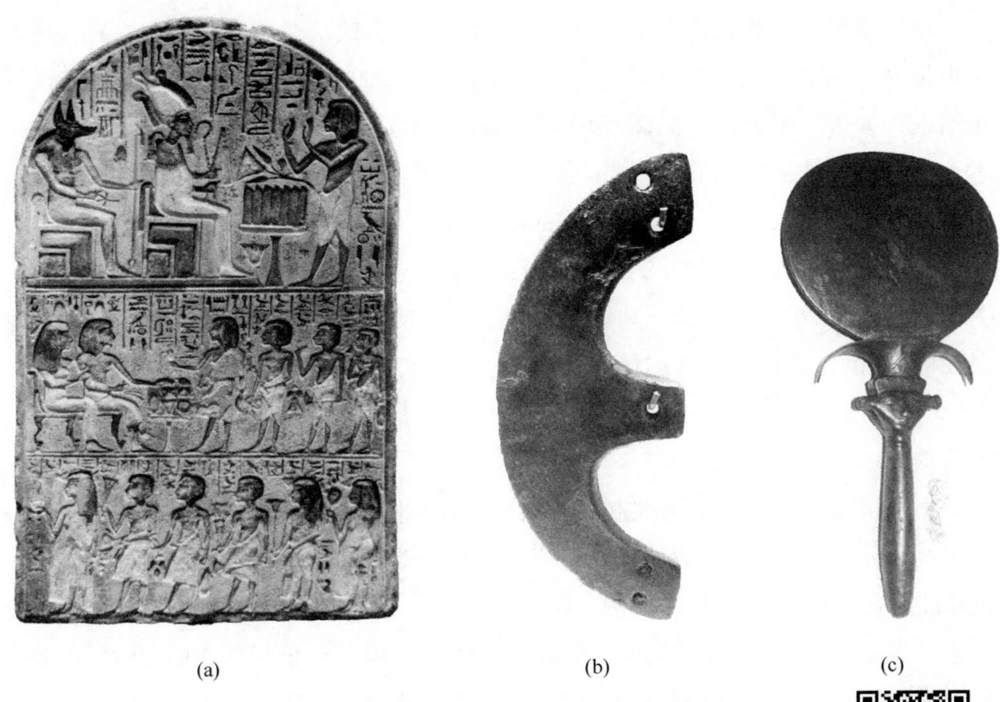

(a)　(b)　(c)

图 3.15　古埃及墓葬碑刻及日常使用的铜器

a—公元前 13 世纪墓葬碑刻（加拿大蒙特利尔考古与历史博物馆）；

b—公元前 21 世纪至公元前 17 世纪青铜战斧（希腊国家考古博物馆）；

c—公元前 16 世纪至公元前 11 世纪青铜镜（加拿大蒙特利尔考古与历史博物馆）

扫一扫看彩图

3.9　中国发达的冶铜技术铺垫出的先进铁器时代

大陆地壳质量中含有约 5.63% 的铁元素[142]，仅少于氧、硅、铝，而占第四位，但远高于含有 0.01% 的铜元素（见 2.1 节）。由此以氧化铁和硫化铁来估算，大陆地壳中铁矿石的份额可达到 7%～8% 的水平，因此陆地表层的铁矿石非常丰富。纯铁的熔点约为 1538 ℃，远高于纯铜；如果铁中含有一定量的诸如碳等其他元素，其熔点会明显降低，但人工冶铁所需要的温度始终会明显高于人工冶铜，因此人类社会一定是先出现人工冶铜，然后才会出现人工冶铁。

与早期人工冶铜技术类似，古代人工冶铁技术也有两种类型：一是在较低温度下将铁矿石中的铁还原成固态金属铁，这种低温人工冶铁方法称为块炼铁法；二是在较高温度下将铁矿石中的铁还原成液态金属铁[143]，这种高温人工冶铁方法也称为生铁冶炼法[144]。冶铁的炉温若能到达1000 ℃，即可使用低温块炼铁技术冶铁；如果炉温能够在高碳环境下升高到1200 ℃，便可使用高温生铁冶炼技术，使液态生铁从炉底流出[145]。若想高效率地人工冶铁，低温块炼铁的炉温通常需到达1100 ℃，而高温生铁冶炼的温度则应提高到1400 ℃以上[144]。

目前，对人类社会最早人工冶铁行为方面的认知不尽相同。有考古研究认为，约公元前26世纪在西亚地区就出现了人工冶铁制作的匕首[146-147]，另外发现公元前17世纪赫梯人已普遍使用铁兵器[148]。也有观点认为，西亚地区是在公元前15世纪发明的人工冶铁技术[149]。但无论如何，可以比较确定的是，最早的人工冶铁技术出现于西亚地区。

中国境内最早的人工冶铁制品是在甘肃临潭陈旗磨沟遗址发现的，在那里出土了约公元前14世纪的两件铁器[149-150]。在新疆孔雀河古墓沟、和硕、巴里坤、吐鲁番、哈密、乌鲁木齐、和静、轮台、新源、塔什库尔、鄯善、洛普、昭苏、且末、木垒、尼勒克等30余处墓葬或遗址中均发现了约公元前1000年的早期铁器[150-151]。在河南三门峡虢国大墓中出土了一把铁剑[150]，此剑由块炼铁法制成[152]，是目前考古发现的中原地区年代最早的人工冶铁制品。其剑身长20厘米，茎长13厘米[153]，制作时间约为公元前9世纪至公元前8世纪[143]。

与铜器相比，铁器更加轻便、坚硬、强韧、锋利、耐久且矿源更丰富[154]，人类掌握人工冶铁技术后一旦普及使用铁器，必然会再次大幅度提升社会生产力、促进文明社会的快速发展。当人类社会在生产和生活各方面普及了铁器的使用，铜器就必然会退出在社会经济中的核心地位。人类在更早的时候曾用天外飞来的陨铁制作铁器并开始积累相关的知识[155]，这一情况与用自然铜制作铜器类似，但用陨铁所能制作出铁质工具的数量很有限，无法大范围提高社会生产力。

与低温块炼铜技术类似，用块炼铁技术在较低温度冶铁的过程中，铁矿石在固态或熔融状态下完成向铁的转变，铁矿石内化学成分的不均匀性分布无法得到根本改善，铁矿石内的许多杂质也难以被大幅度排除。锻打加工成形后，铁器内的成分均匀性、杂质的分布虽然有所改善，但仍会明显限制铁器性能优势潜力的充分发挥。高温生铁冶炼技术也与高温冶铜技术类似，被加热成可流动性的液态可使铁液的成分快速均匀化，且可以清除许多漂浮出液面的杂质，致使冶铁制品的内在质量明显优于由低温冶铁技术生产的冶铁制品。高温冶铁完成后可以有两种后续的加工过程（即工艺）。一种工艺过程是，将高温冶铁的铁锭重新熔化浇入预制的范模内制成铁的铸件，也可以将高温冶铁刚刚制成的液态铁直接浇铸成铸件。这种方法往往适合于制作一些大型的铁器，如公元953年后周时期浇铸的重约40吨的沧州铁狮“镇海吼”就是如此生产（工艺）出来的[121]。另一种工艺过程是，将高温冶炼出来的液态铁分别凝固成各种适当尺寸的铁块或铁条，然后经过反复锻打加工制成适用的铁质工具或器具。这工艺多用来生产加工小件铁器，尤其是铁工具和铁兵器等，这样铁器都需经历过锻打加工。以此技术为基础东汉时期，中国就形成了以数十次、上百次反复加热、锻打的方式加工制作出性能优异钢铁制品的技术，即“百炼钢”技术，且由此衍生出“千锤百炼”、“百炼成钢”等成语[121]。总之，低温块炼铁属于较初级的冶铁技术，而高温生铁冶炼属于先进的冶铁技术，有利于制作出优质的铁制品。

公元前1200年至公元前1000年，块炼铁的使用在西南亚已达到相当大的规模；随后块炼铁的方法传到中欧，如公元前500年传到了英国；在欧洲一些地区块炼铁一直到14世纪之前始终是主要的冶铁方法[156]。在中国最早的冶铁生产过程中也出现过用块炼铁技术制作的铁器[152]；但公元前8世纪至公元前7世纪，中原地区就已经开始出现高温生铁冶炼法制作的铸铁制品[150]。因优异的质量和性能，高温生铁冶炼法成为中国长期人工冶铁的技术传统和优势。

随着人工冶铁技术的发明和铁器使用的普及，人类社会自约公元前1000年开始逐渐进入铁器时代。铁器时代泛指自公元前1000年铁器逐渐普及，至20世纪70年代人类社会开始转入第三次工业革命的信息时代[157]。但铁器时代可以进一步划分为自约公元前1000年至第一次英国工业革命结束时的19世纪中期，以及随后第二次工业革命期间至20世纪70年代两个阶段。前者称为传统的铁器时代，有时或可简便地看成铁器时代；后者称为后铁器时代或钢铁时代。在钢铁时代人们采用现代冶金技术以大规模、高效率、低成本、更科学的方式稳定地生产能满足高速工业化需求的优质钢材。

约公元前10世纪，西亚的冶铁技术开始传入包括希腊和意大利等环地中海的南欧各地[158]。由于环地中海地区之前相对低迷的铜器生产和使用状态，铁器的使用被迅速推广开来，成为人们使用的主要工具，越来越多地被用于农业、手工业和房屋建设等。随着铁兵器的推广，希腊北部马其顿王国逐渐强大起来。在控制了希腊各地后，马其顿君主亚历山大于公元前4世纪带领装备着有大量铁兵器（见图 3. 16a）的军队，以对波斯的征战为起点开始直至中亚、南亚各地的东征。在先进铁兵器的支撑下，亚历山大的军队所向披靡[159]。公元前 7 世纪古罗马的金属加工技术已达到非常先进的水平，铁器产业发展迅速。古罗马自公元前 5 世纪开始大规模对外扩张，当时罗马军队配备了欧洲最完备、最先进的铁兵器体系（见图 3. 16b）[160]，最终古罗马征服了西亚、北非、南欧等极为广大的环地中海地区以及欧洲腹地，建立起了强大的帝国[160]。因此可以说，兴盛的人工冶铁支撑了西方文明的崛起[159]。

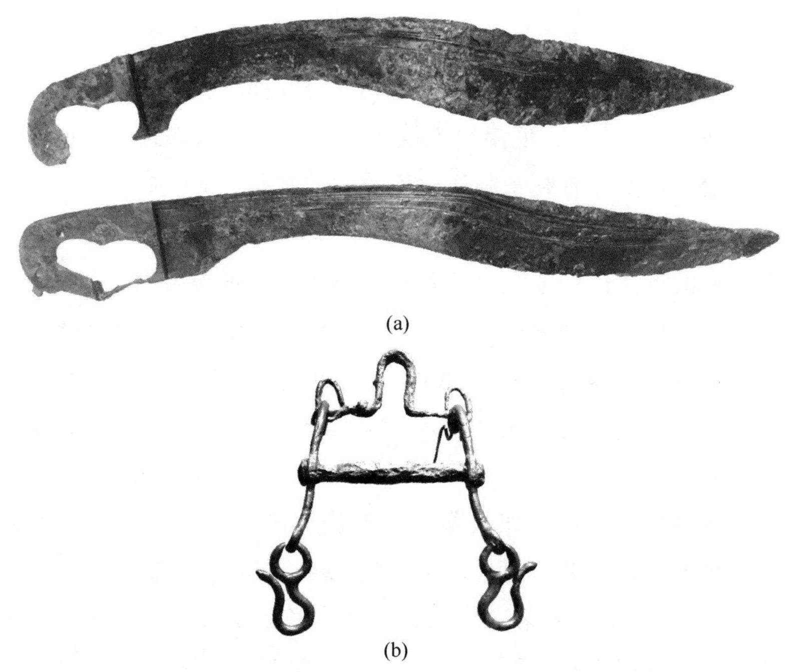

(a)

(b)

图 3. 16　欧洲铁器时代早期的铁兵器（美国纽约大都会博物馆）

a—公元前 4 世纪古希腊铁刀；b—公元初年欧洲古罗马时期的铁质马衔索

以中华文明区强大而成熟的冶铜生产为基础，自公元前 8 世纪以来为满足在军事对抗方面的需求，各诸侯国均大规模地生产各种制式的铜兵器，并装备出庞大的军队[131]。公元前 5 世纪至公元前 3 世纪的战国时期，逐渐兴旺起来的中国人工冶铁和铁器制造业，使得制作精良的铁质农具在各地已广泛而普遍地用于农业生产（见图 3. 17a、b）[161]。然而，与冶铜技术和铜兵器对比，尽管铁兵器存在着诸多性能优势，但面对繁荣的铜器制造业，当时的冶铁技术在成熟程度、生产规模和效率、军队对铁兵器的熟悉程度等多方面均显得相对不足。面对诸侯国之间激烈而频繁的军事对抗，各诸侯国均没有充足的能力、时间和必要性，冒一时弱化军事对抗能力的风险、把军队的装备全面地更换为以铁兵器为主的动力，以致当时各诸侯国的军队仍惯性地以铜兵器为主[131]。这种惯性显然与中国过度繁荣的铜器时代密切相关[72]。公元前 221 年秦始皇打败了其他六国后建立起强大而统一的秦帝国。公元前 210 年秦始皇去世下葬，根据秦始皇兵马俑博物馆提供的资料，在秦始皇兵马俑坑中出土了四万多件铜质兵器，大多为铜箭镞（见图 3.17c），而鲜有铁器[121]，这表明秦始皇是借助铜兵器统一了中国，因此说中国古代强盛而发达的人工冶铜支撑了中华文明的崛起[159]。

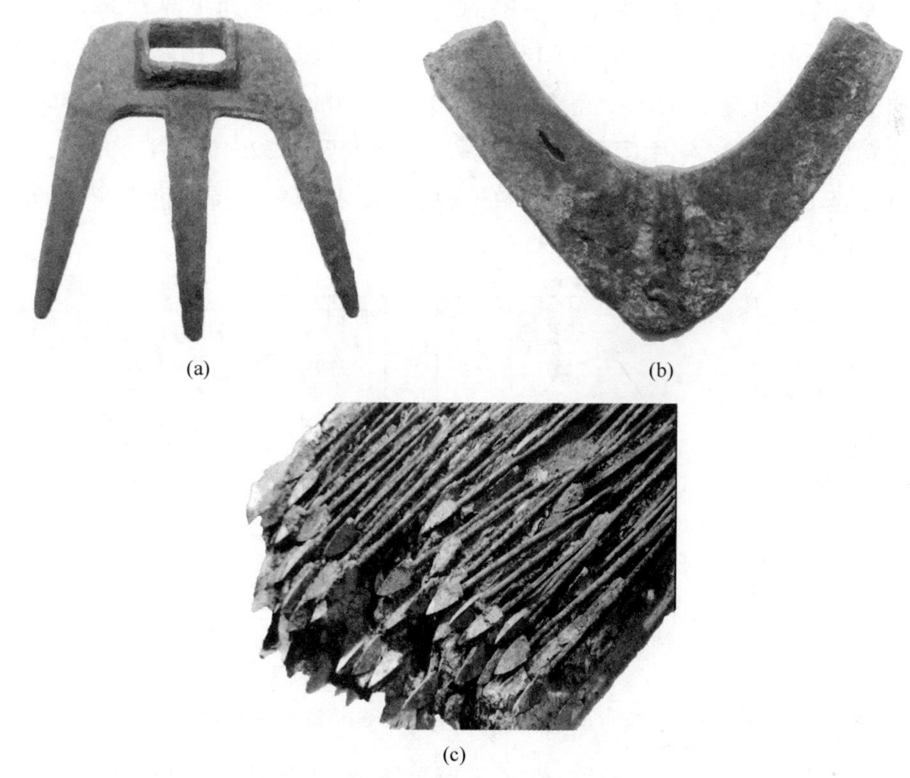

(a) (b) (c)

图 3.17 公元前 3 世纪中国的铁农具与铜兵器

a—河北易县铁三齿镐（河北博物馆）；b—河南辉县铁犁（中国国家博物馆）；

c—铜箭镞（秦始皇兵马俑博物馆）

然而，中国在高温技术上的领先优势，以及借助在繁荣的铜器时代积累起来的金属冶炼及加工知识和技术，尤其是商周时期成熟而发达的青铜铸造技术等，都无疑会成为后续中国古代发展冶铁生产，以及广泛使用铁器的重要基础[150]。自汉代以来，铁器逐渐成为支撑中国经济发展的主要基础材料，到北宋时期中国的铁产量一度达到年产十几万吨的水平[162]，领先于世界其他经济体。工业革命前，中国在高温冶铁、高炉技术、铸造及热处理、优质钢冶炼和加工、鼓风、煤焦冶铁、冶铁炼钢连续生产等多方面的技术均明显领先于环地中海地区一个世纪或几个世纪，甚至更长的时间[163]。另一方面，在漫长的历史时期内，中国无对外扩张需求，并不需要太多铁器，而大一统的专制皇权为防止地方聚财叛乱，长期压制地方铁器生产[121]，导致北宋十几万吨的年产能力在明朝乃至鸦片战争的1840年都仅保持在年产2万吨上下的低迷状态[164]。尽管如此，在先进铁器生产技术水平和较高产能的支撑下，中国的经济总量始终位列世界前茅。研究显示[165]，自公元前5世纪开始直至18世纪乃至19世纪初，中国经济一直领先于世界，且是世界上最大的单一经济体。1700年中国的GDP占世界的22.3%，仍是全球第一；到1820年中国的GDP进一步占到世界的32.4%[166]。其中，至少在900年至1090年的北宋期间，中国的人均GDP甚至曾保持在世界第一的位置（见图3.18）[167]。

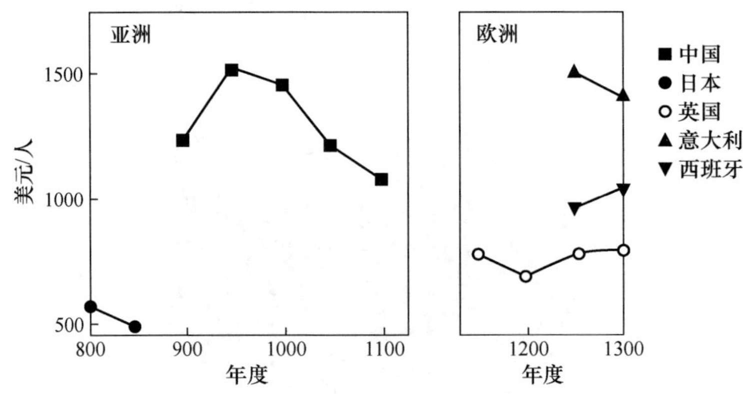

图3.18　亚欧地区历史上人均GDP的模拟对比（以1990年美元购买力为基准换算）[167]

欧洲工业革命前，明朝科技学者宋应星于1637年首次出版著作《天工开物》，所记载的“生熟炼铁炉”（见图3.19a）包括了高炉冶铁、熔池炼钢、炼铁与炼钢连续操作、铸造、向铁水中搅入空气氧化杂质、带有造渣以净化钢材性质的“撒湿泥灰”等一系列技术环节，这些环节已带有现代钢铁冶炼流程中的一些重要理念[168]。北宋时期中国制造的海船锻打铁锚重达500千克（见图3.19b），到明代铸造的铁锚则可重达数吨，当时中国的造船和航海技术领先全球，由此支撑了明代郑和七下西洋的大航海行为，先后花费了约上千万两白银[169]。自 1405 年首次下西洋开始，郑和的船队每次有 200 多艘大小船只出海，各类人员 2 万多人，携带大量的瓷器、丝绸、茶叶、药材、铁制工具、金、银、名目繁多的各种工艺品、礼品等货物，最大的船排水约 1200 吨，是当时世界上最大的海船；而之后，1492 年哥伦布首次去美洲探险时随行仅约 90 名船员和三艘木船，最大的船只有 120 吨，因以海外掠夺为目标，并没有携带大批用于贸易的货物[169]。

(a)

(b)

图 3.19 《天工开物》对中国冶铁锻铁技术的描述

a—生熟炼铁炉[168]；b—锤锚图[170]

由此对比可见，在工业革命前中国社会以前期发达的人工冶铜技术作为铺垫，发展出了先进的铁器时代，导致相较于世界其他国家：中国既不贫穷，也不落后。

在历史学研究中，人们应特别关注金属冶炼与加工技术发展状态与水平对推动历史进程的关键性基础作用。尤其是历史学者需要更多地了解金属冶炼与加工技术的原理与发展历史，否则难免会出现质疑“青铜农具优于石质农具”的现象[171]，这一质疑既与历史考证不符，又违背以科学原理为支撑的金属学常理（见 1.2 节），甚至还可能形成中国历史上基于先进的高温冶铁再锻造的百炼钢制品，反而“长期滞后于”西方基于低温块炼铁落后技术的锻钢制品等的观念与论调[172]，进而有可能误导对中西方社会历史上先进与发达程度的评价。

参考文献

[1] 潜伟．中国考古科技史及几点思考［J］．南方文物，2021（3）：10-18.

[2] 毛卫民，李一鸣，王开平．中国及周边地区早期的铜器［J］．金属世界，2024（1）：23-29.

[3] 华觉明．中国古代金属技术［M］．郑州：大象出版社，1999：15.

[4] 毛卫民，王开平．欠发达铜器时代孕育的西方文明及其早期价值观念的特征［J］．金属世界，2021（5）：1-6.

[5] 蔡全法．从黄帝铸鼎看我国古代鼎的起源与发展（上）［J］．文物鉴定与鉴赏，2011（8）：54-57.

[6] 王志俊．中国早期铜器的起源及发展［J］．文博，1996（6）：30-37，55.

[7] 王璐．黄河流域早期铜器演进初探［J］．文物研究，2022（1）：106-115.

[8] 王朝，卜显忠，翁存建，等．新疆某铜镍硫化矿选矿工艺研究［J］．金属矿山，2019（4）：64-70.

[9] 方维萱．深成古岩溶不整合构造系统构造岩相学与金属成矿［J］．地质学报，2022，96（7）：2585-2610.

[10] 张德会，王永，王懂，等．黑龙江金厂岩浆穹隆内金矿体成矿流体地球化学及其矿床成因探讨［C］．//第八届全国矿床会议论文集，矿床地质，2006（增刊）：155-158.

[11] 刘子龙，杨洪英，文书明，等．西藏甲玛复杂铜铅锌氧化矿石工艺矿物学研究［J］．黄金，2020，41（11）：72-76.

[12] 齐文，侯满堂．陕西铅锌矿类型及其找矿方向［J］．陕西地质，2005（2）：1-20.

[13] 马承，葛战林，郑艳荣，等．陕西商洛杨斜金矿床地质特征与控矿因素探讨［J］．西北

地质，2021，54（2）：137-148.

［14］詹涵钰，李占轲，武文辉，等．陕西大西沟喷流沉积型菱铁矿矿床地质特征及矿床成因［J］．矿床地质，2019，38（1）：1-20.

［15］彭素霞，程建新，陈隽璐，等．陕西省洛南县莲花沟钼（铜）矿岩体地质及岩石地球化学特征［J］．地质科技情报，2013，32（3）：31-41.

［16］夏长玲，张望，刘志明，等．陕西穆家庄铜矿床成因探讨及找矿意义［J］．矿产勘查，2014，5（4）：547-553.

［17］张西社，王瑞廷，代军治，等．陕西山阳色河铺地区隐爆角砾岩特征及其铜矿找矿意义［J］．地质学报，2015，89（4）：766-778.

［18］张新虎，冯军，殷勇，等．甘肃肃北黑山镍铜矿床产出特征及对比研究［J］．西北地质，2012，45（4）：134-144.

［19］李社宏，粟阳扬，严松，等．广西金秀北部石英脉型铜矿地质特征与成因分析［J］．矿产与地质，2018，32（1）：67-73.

［20］李红玲，董小骥．攀枝花某低品位钒钛磁铁矿选铁工艺对比试验［J］．矿产保护与利用，2013（3）：28-30.

［21］杨经绥，徐向珍，李源，等．西藏雅鲁藏布江缝合带的普兰地幔橄榄岩中发现金刚石：蛇绿岩型金刚石分类的提出［J］．岩石学报，2011，27（11）：3171-3178.

［22］王伟，王敏芳，郭忠，等．新疆东天山土墩铜镍硫化物矿床中铂的赋存形式及其地质意义［J］．地质学刊，2016，40（1）：85-96.

［23］李树雷，裴春霞，杨振，等．秦岭柞水凤凰镇地区镍矿床地质特征及找矿前景浅析［J］．西部探矿工程，2022，34（3）：119-123，126.

［24］杨虎，林秀贞．内蒙古敖汉旗红山文化西台类型遗址简述［J］．北方文物，2010（3）：13-17.

［25］阮诗昆，黄玉锦．福建武平龙江亭铜矿床地质特征及找矿方向［J］．有色金属（矿山部分），2018，70（2）：31-36.

［26］任湘眉．黄锡矿-似黄锡矿-硫锡铁铜矿组合及其结构特征［J］．矿物学报，1990（2）：147-151，197-198.

［27］毛德宝，钟长汀，陈志宏，等．冀北洞子沟银矿床：一个中元古代的浅成低温热液矿床——来自矿物学和地球化学的证据［J］．矿物岩石，2003（2）：16-21.

［28］魏永满，都卫东，石为江．夏河县龙得岗铜砷矿床类型及成矿模式分析［J］．中国金属通报，2022（7）：90-92.

［29］李杨，陈果，林海．广东某锡多金属矿石工艺矿物学研究［J］．现代矿业，2023，39（8）：145-147.

［30］王思梦．浅析河南省新安县峪里铁矿床地质特征及应用［J］．世界有色金属，2017

(3)：216，218.

[31] 项新葵，王朋，詹国年，等．赣北石门寺超大型钨多金属矿床地质特征［J］．矿床地质，2013，32（6）：1171-1187.

[32] 夏洪宝，尚旋，杨洪艳，等．辽宁牧牛钨矿矿床成因分析［J］．矿产勘查，2014，5(5)：744-750.

[33] 李生虎，田淇，秦泗伟，等．青海小红土湾地区地球化学异常特征及找矿潜力分析［J］．矿产勘查，2022，13（9）：1333-1341.

[34] 胡乔青，王义天，毛景文，等．山西义兴寨金矿床铁塘硐矿段原生晕地球化学与深部找矿预测［J］．黄金，2023，44（7）：1-9.

[35] 陈光祖．商代锡料来源初探［J］．考古，2012（6）：54-68，114.

[36] 冯伟，熊发挥，刘术湘．川西丹巴地区燕子沟金矿床成矿地质特征研究［J］．长江大学学报（自科版），2014，11（31）：89-91.

[37] 李伟良，王力圆，钱建利，等．西藏拔隆铅锌矿床地质特征与成因分析［J］．矿产与地质，2021，35（3）：393-401.

[38] 崔传发，文书明，吴丹丹，等．个旧铜锡矿工艺矿物学研究［J］．矿产综合利用，2019(5)：90-93，84.

[39] 杜迺松．商周历史文物概说［J］．历史教学，1985（8）：27-31.

[40] 刘俊男，易桂华．中国早期冶铜遗迹的分布与冶铜起源研究［J］．南方文物，2020(4)：115-120.

[41] 毛卫民，王开平．铜器与中西方文明的萌生［J］．金属世界，2020（4）：1-5.

[42] 张相鹏．2020～2021 年新疆考古收获［J］．西域研究，2022（4）：68-75.

[43] 华泉．中国早期铜器的发现与研究［J］．史学集刊，1985（3）：72-78.

[44] 杨虎．辽西地区新石器-铜石并用时代考古文化序列与分期［J］．文物，1994（4）：37-52.

[45] 自然资源部地图技术审查中心．标准地图服务，审图号：GS（2023）2761 号［DB/OL］．北京：自然资源部，2023：［2024-04-02］．https：//bzdt. ch. mnr. gov. cn.

[46] 王鹏．论南西伯利亚及周边地区青铜时代早期的“月形器”［J］．考古，2022（3）：69-82.

[47] 张景明，马宏滨．俄罗斯境内漠北匈奴地发现的汉式宫殿主人考释［J］．北方民族大学学报，2021（5）：105-109.

[48] 郭静云，邱诗莹，范梓浩，等．中国冶炼技术本土起源：从长江中游冶炼遗存直接证据谈起（一）［J］．南方文物，2018（3）：57-71.

[49] 曹桂岑，马全．河南淮阳平粮台龙山文化城址试掘简报［J］．文物，1983（3）：21-37.

[50] 张文军，张志清，樊温泉，等．河南鹿邑栾台遗址发掘简报［J］．华夏考古，1989

(1)：1-14.
[51] 胡春良. 山西省襄汾县陶寺遗址出土的铜齿轮［J］. 铸造设备与工艺，2020（1）：47-48.
[52] 赵芝荃，郑光. 河南临汝煤山遗址发掘报告［J］. 考古学报，1982（4）：427-476.
[53] 徐建炜，梅建军，格桑本，等. 青海同德宗日遗址出土铜器的初步科学分析［J］. 西域研究，2010（2）：31-37.
[54] 孙淑云，韩汝扮. 甘肃早期铜器的发现与冶炼、制造技术的研究［J］. 文物，1997（7）：75-84.
[55] 何德亮. 试析早期铜器在文明进程中的地位［J］. 南方文物，2007（4）：92-101.
[56] 方辉. 海岱地区青铜时代考古［M］. 济南：山东大学出版社，2007：43.
[57] 孙淑芸，韩汝玢. 中国早期铜器的初步研究［J］. 考古学报，1981（3）：287-302.
[58] 马世之. 登封王城岗城址与禹都阳城［J］. 中原文物，2008（2）：22-26.
[59] 安金槐. 郑州牛砦龙山文化遗址发掘报告［J］. 考古学报，1958（4）：19-26.
[60] 李京华. 关于中原地区早期冶铜技术及相关问题的几点看法［J］. 文物，1985（12）：75-78.
[61] 邵晶. 石峁遗址与陶寺遗址的比较研究［J］. 考古，2020（5）：65-77.
[62] 霍巍. 试论西藏发现的早期金属器和早期金属时代［J］. 考古学报，2014（3）：327-350.
[63] 潜伟. 新疆哈密及其邻近地区史前时期铜器的检验与分析［J］. 广西民族学院学报（自然科学版），2004，10（2）：21-27.
[64] 邵会秋，杨建华. 从夏家店上层文化青铜器看草原金属之路［J］. 考古，2015（10）：85-99.
[65] 郭泮溪. 对青岛海洋文明历史中几个问题的初步探讨［J］. 东方论坛，2009（5）：81-89.
[66] 中国社会科学院考古研究所. 胶县三里河［M］. 北京：文物出版社，1988：21.
[67] 李延祥，陈国科，潜伟，等. 敦煌西土沟遗址冶金遗物研究［J］. 敦煌研究，2018（2）：131-140.
[68] 佚名. 考工记［M］. 南京：江苏凤凰科学技术出版社，2016：38.
[69] 孙淑云. 中国古代矿冶文化的传承和发展［J］. 黄石理工学院学报（人文社会科学版），2010，27（6）：1-5.
[70] 毛卫民，王开平. 科学的观念与古代的人工冶铜［J］. 金属世界，2023（1）：44-49.
[71] 毛卫民，王开平. 文明之初的文字与铜器［J］. 金属世界，2022（3）：1-8.
[72] 毛卫民，王开平. 繁荣的铜器时代与中华文明融合统一的特征［J］. 金属世界，2021（6）：1-8.

[73] 丁坤，王瑞廷，秦西社，等. 陕西陈家坝铜铅锌多金属矿床 C、H、O、S、Sr 同位素地球化学示踪 [J]. 矿床地质，2019，38 (2)：355-366.

[74] 赵振东，康维良. 甘肃青海一带斑岩型铜矿的分布及找矿标志 [J]. 世界有色金属，2018 (21)：44-45.

[75] 张忠利. 新疆吉木乃县胡萨因阔拉斯铜矿地质特征及找矿前景分析 [J]. 新疆有色金属，2011 (2)：10-13.

[76] 毛卫民，李一鸣，王开平. 中国古代的高温技术与发明人工冶铜 [J]. 金属世界，2024 (2)：42-46.

[77] 王建平，陈小刚. 陕西镇安县午峪沟—柞水县万丈沟铜矿成矿地质背景、地质特征及找矿前景 [J]. 世界有色金属，2023 (8)：53-55.

[78] 张天运，袁波，吴前瑞，等. 汉中某铜矿石工艺矿物学研究 [J]. 现代矿业，2021 (11)：153-155.

[79] 任建梅，陈元，李晓国，等. 陕西省宝鸡香泉铜矿地质特征及控矿因素探讨 [J]. 陕西地质，2022，40 (1)：51-55.

[80] 凡小盼，赵雄伟. 史前黄铜器及其冶炼工艺 [J]. 中国国家博物馆馆刊，2015 (8)：142-150.

[81] 刘玉强. 毛登锡铜矿床成矿分带及其成因讨论 [J]. 矿床地质，1996，15 (4)：318-329.

[82] 王京彬，王玉往，王莉娟. 大兴安岭中南段铜矿成矿背景及找矿潜力 [J]. 地质与勘探，2000，36 (5)：1-4.

[83] 康欢，刘翼飞，江思宏. 内蒙古莲花山铜矿床辉钼矿铼-锇年代学、矿石硫-铅同位素地球化学与矿床成因 [J]. 地质学报，2019，93 (12)：3082-3094.

[84] 肖成东，杨志达. 内蒙古赤峰北部两个重要的成矿带及其成矿特征 [J]. 有色金属矿产与勘查，1997，6 (4)：197-201.

[85] 张伟峰. 门源县浪力克铜矿地质特征及矿床类型分析 [J]. 世界有色金属，2016 (13)：78-79.

[86] 李文明，宋治杰，张汉文. 青海孕科合含铜银砷矿床成矿地质特征及矿床成因浅析 [J]. 西北地质科学，1996，17 (2)：30-37.

[87] 叶荣. 白银厂矿区折腰山矿床碳酸盐矿物的新认识 [J]. 西北地质，1983 (4)：65-68，72.

[88] 刘杰，郭旭，刘鹏进，等. 甘肃省铜矿主要类型与时空分布特征 [J]. 中国金属通报，2022 (8)：219-221.

[89] 白旭晖. 新疆阿舍勒铜矿区地质特征及三维成矿预测 [J]. 金属矿山，2018 (10)：146-150.

[90] 王全家，张国．铜矿峪矿选厂生产实践及问题探讨［J］．中国矿山工程，2007，36（5）：9-11，37.

[91] 孙桂琴，霍卫民．山西省落家河铜矿地质特征及矿床成因浅析［J］．化工矿产地质，2011，33（4）：232-238.

[92] 刘长纯．基于 MRAS 证据权重法的抚顺—清原地区红透山式块状硫化物型铜矿矿产预测［J］．地质找矿论丛，2017，32（3）：468-475.

[93] 李涛，陈元江．辽北凡河地区细碧岩型钢矿成矿地质条件及找矿方向［J］．中国科技信息，2011（8）：23.

[94] 李亚东，冯启伟，鹿波．山东埠口铜矿成矿地质背景分析［J］．世界有色金属，2018（23）：95，97.

[95] 常洪华，赵体群，李亚东，等．山东邹平火山岩盆地王家庄—碑楼铜矿床地质特征及成因探讨［J］．山东国土资源，2021，37（4）：17-22.

[96] 孙楠，李小强，周新郢，等．甘肃河西走廊早期冶炼活动及影响的炭屑化石记录［J］．第四纪研究，2010，30（2）：319-325.

[97] 陶玉乐．金塔胜迹［M］．兰州：甘肃文化出版社，2017：218-233.

[98] 毛卫民，李一鸣，王开平．中国的铜矿资源与发展人工冶铜的机会［J］．金属世界，2024（3）：12-19.

[99] 段守虹．巨石建筑之精神诠释——有关对太阳崇拜的远古遗存之一［J］．世界文化，2013（3）：56，61-62.

[100] 陈树祥，龚长根．湖北新石器时代遗址出土铜矿石与冶炼遗物初析——以鄂东南和鄂中地区为中心［J］．湖北理工学院学报（人文社会科学版），2015，32（5）：1-8.

[101] 毛卫民，王开平．金属的使用与中西方文明的发展（Ⅰ）：铜器制造和使用的差异［J］．金属世界，2018（5）：22-25.

[102] 陈振中．先秦青铜生产工具［M］．厦门：厦门大学出版社，2004：19-137.

[103] 郭静云，邱诗萤，郭立新．石家河文化：东亚自创的青铜文明［J］．南方文物，2019（4）：67-82.

[104] 苏荣誉．关于中原早期铜器生产的几个问题：从石峁发现谈起［J］．中原文物，2019（1）：26-31.

[105] 李家治．中国科学技术史 陶瓷卷［M］．北京：科学出版社，1998：30-53.

[106] 陈坤龙，杨帆，梅建军，等．陕西神木市石峁遗址出土铜器的科学分析及相关问题［J］．考古，2022（7）：58-70.

[107] 黎海超，崔剑锋，盛伟．湖南宁乡炭河里与望城高砂脊出土铜器的铅同位素分析及相关问题［J］．考古，2019（2）：105-114.

[108] 张吉，郜向平，丁思聪，等．河南荥阳官庄遗址铸铜技术与金属资源变迁初步研究

[J]. 南方文物，2021（3）：162-173.

[109] 种建荣，郭士嘉，雷兴山．陕西岐山孔头沟遗址铸铜作坊发掘简报 [J]. 南方文物，2019（3）：56-68.

[110] 叶万松，张剑．1975—1979 年洛阳北窑西周铸铜遗址的发掘 [J]. 考古，1983（5）：430-441.

[111] 张吉，王丹，贾汉清，等．钟祥黄土坡墓地出土春秋青铜器的检测分析及相关问题研究 [J]. 南方文物，2019（3）：104-113.

[112] 陈小三．再谈韩城梁带村 M27 出土一组铜器的年代及相关问题 [J]. 中国国家博物馆馆刊，2020（5）：45-56.

[113] 刘建宇，陈坤龙，梅建军，等．陕北地区出土东周时期铜器及冶铸遗物的科学分析研究 [J]. 中国文物科学研究，2018（1）：63-69.

[114] 顾雯，廉海萍，陈杰，等．广富林遗址出土周代青铜器合金成分与金相分析 [J]. 文物保护与考古科学，2021，33（1）：88-96.

[115] 南普恒，贾尧，高振华，等．分水岭东周墓地铜器材质、工艺及矿料特征的再认识 [J]. 南方文物，2021（3）：191-199.

[116] 唐兰．中国青铜器的起源与发展 [J]. 故宫博物院院刊，1979（1）：4-10，107.

[117] Liu R，Pollard A M，Cao Q，et al. Social hierarchy and the choice of metal recycling at Anyang，the last capital of Bronze Age Shang China [J]. Scientific Reports [R/OL]. 2020，10（18）：794，https：//doi. org/10. 1038/s41598-020-75920-x.

[118] 林永昌，罗胜强，肖毓琦，等．楚地南缘战国铜器的技术与传统 [J]. 南方文物，2022（5）：188-197.

[119] 近藤晴香．大周原地区铸铜遗存与西周的政体 [J]. 三代考古，2015（1）：365-376.

[120] 马克·波拉德，彼得·布睿，彼得·荷马，等．牛津研究体系在中国古代青铜器研究中的应用 [J]. 考古，2017（1）：95-106.

[121] 毛卫民，王开平．铁器时代演变与工业革命 [J]. 金属世界，2019（2）：17-20，23.

[122] 陈振中．中国古代青铜生产工具刍议 [J]. 中国经济史研究，1986（4）：39-50.

[123] 毛卫民，李一鸣，王开平．中国发达的高温冶铜与古铜器的湮灭 [J]. 金属世界，2024（4）：44-48.

[124] 拱玉书．吉尔伽美什史诗 [M]. 北京：商务印书馆，2021：174.

[125] 阒川．商城与方鼎 [J]. 金属世界，1995（3）：27.

[126] 吕章申．中国国家博物馆 [M]. 北京：长征出版社，2011：16-27.

[127] 肖芳．《国家宝藏》展——永恒的记忆 [J]. 科教导刊（中旬刊），2012（8）：145-147.

[128] 张贵余．一座蕴藏殷商灿烂文明的宝库（下）——妇好墓青铜器 [J]. 荣宝斋，2016

(8): 52-71.

[129] 毛卫民，王开平．中西方铜器时代差异分析 [J]. 金属世界，2019 (4): 12-15，19.

[130] 毛卫民．文明与物质——从材料学视角探索中西文明差异 [M]. 北京：中国社会科学出版社，2022: 55-62.

[131] 毛卫民．材料与文明 [M]. 北京：高等教育出版社，2020: 138-144.

[132] 裘士京，柯志强．铜陵古代铜矿采冶及其特点述略 [J]. 衡阳师范学院学报，2014，35 (5): 76-80.

[133] 陈树祥．大冶铜绿山古矿冶遗址的科学价值解析 [J]. 中国文化遗产，2016 (3): 52-60.

[134] 陈明远，林川．“陶-铜体系”即“火技术-陶冶体系” [J]. 社会科学论坛，2016 (7): 4-16.

[135] 刘建民．铜绿山古矿冶遗址研究综述 [J]. 湖北师范学院学报（哲学社会科学版），2010，30 (1): 99-102.

[136] 徐少华．铜绿山与盘龙城及中国早期青铜文明之关系 [J]. 湖北理工学院学报（人文社会科学版），2014，31 (1): 15-18.

[137] 叶源磊．安徽古矿冶遗址的发现及其意义 [J]. 芜湖职业技术学院学报，2013，15 (2): 89-91.

[138] 魏国锋，秦颍，王昌燧，等．若干地区出土部分商周青铜器的矿料来源研究 [J]. 地质学报，2011，85 (3): 445-458.

[139] Hong S, Candelone J P, Soutif M, et al. A reconstruction of changes in copper production and copper emissions to the atmosphere during the past 7000 years [J]. The Science of the Total Environment, 1996, 188: 183-193.

[140] 杨铭洋．贞人卜辞材料所反映的武丁殷商中兴 [J]. 西部学刊，2022 (4): 139-143.

[141] 翟少冬．妇好墓玉器的发现与研究 [J]. 博物院，2018 (5): 37-42.

[142] 李双林，李绍全，孟祥君．东海陆架晚第四纪沉积物化学成分及物源示踪 [J]. 海洋地质与第四纪地质，2002 (4): 21-28.

[143] 陈坤龙，梅建军，潜伟．丝绸之路与早期铜铁技术的交流 [J]. 西域研究，2018 (2): 127-137，150.

[144] 黄全胜，李延祥，陈建立，等．以炉渣分析为主揭示古代炼铁技术的研究与探索 [J]. 中国国家博物馆馆刊，2016 (11): 145-153.

[145] 李广进．汉代冶铁技术 [J]. 军事文摘，2020 (22): 52-55.

[146] 孔令平，冯国正．铁器的起源问题 [J]. 考古，1988 (6): 542-546.

[147] 陈建立，毛瑞林，王辉，等．甘肃临潭磨沟寺洼文化墓葬出土铁器与中国冶铁技术起源 [J]. 文物，2012 (8): 45-54.

[148] 王鸿生．科学技术史 [M]. 北京：中国人民大学出版社，2011: 34-35.

[149] 刘家和，王敦书．世界史——上古史编（上卷）[M]．北京：高等教育出版社，2011：14-15.

[150] 王颖琛，刘亚雄，姜涛，等．三门峡虢国墓地 M2009 出土铁刃铜器的科学分析及其相关问题 [J]．光谱学与光谱分析，2019，39（10）：3154-3158.

[151] 苏海洋．论早期秦文化和西戎文化中域外因素传入的途径 [J]．西安财经学院学报，2019，32（5）：108-112.

[152] 唐际根．中国冶铁术的起源问题 [J]．考古，1993（6）：533，536-545.

[153] 丁萌，丁福利，牛爱红．九大镇院之宝见证华夏文脉——河南博物院院藏精品管窥 [J]．上海工艺美术，2023（2）：6-9.

[154] 毛卫民，王开平．材料：人类社会发展的基石 [J]．金属世界．2020（5）：19-26.

[155] 毛卫民．材料与人类社会 [M]．北京：高等教育出版社，2014：50-52.

[156] 陈明远，林川．木-铁体系冶铁术的发明和流传 [J]．社会科学论坛，2016（9）：21-44.

[157] 毛卫民，王开平．材料技术与工业革命 [J]．金属世界，2022（5）：10-17.

[158] Caro T. The ancient metallurgy in Sardinia（Italy）through a study of pyro metallurgical materials found in the archaeological sites of Tharros and Montevecchio [J]. J. Cultural Heritage，2017，28：65-74.

[159] 毛卫民，王开平．金属与中西方文明的崛起 [J]．金属世界，2020（6）：1-4，16.

[160] 孙玲．论手工时代中西方冷兵器的工艺差异 [J]．东方技术，2017（增刊 1）：50-51.

[161] 刘思源，张帆．从农兵器发展看先秦社会之变 [J]．农业考古，2023（3）：149-155.

[162] 葛金芳．两宋工艺革命述论 [J]．中国社会经济研究，1991（3）：14，15-24.

[163] 北京科技大学冶金与材料研究所．铸铁中国——古代钢铁技术发明创造巡礼 [M]．北京：冶金工业出版社，2011：9-31.

[164] 毛卫民，王开平．钢铁时代与中国制造 [J]．金属世界．2019（3）：9-13.

[165] 萧国亮．从世界经济史看中国经济地位变迁 [J]．紫光阁，2009（S1）：14-16.

[166] 管汉晖，李稻葵．明代 GDP 及结构试探 [J]．经济学（季刊），2010（3）：787-828.

[167] 李稻葵，金星晔，管汉晖．中国历史 GDP 核算及国际比较：文献综述 [J]．经济学报，2017（2）：14-36.

[168] 宋应星．天工开物 [M]．北京：人民出版社，2015：237.

[169] 毛卫民．铜器时代起源以来中西文明的海外拓展特征 [J]．金属世界．2021（1）：5-11.

[170] 宋应星．天工开物 [M]．上海：上海古籍出版社，2016：196.

[171] 申学国．对商周青铜农具使用问题的再分析 [J]．枣庄学院学报，2013，30（1）：121-124.

[172] 陈明远，林川．系统论与世界体系（之五）经济发展与木——铁体系 [J]．社会科学论坛，2016（10）：22-42.

4 中国古代冶铜技术
“西来说”及其主要困扰

在探讨人类冶金技术发展历史的领域，存在中国古代人工冶铜技术是由西亚、经中亚传播而来的观点，即所谓的中国古代冶铜技术“西来说”[1]，并在一些博物展览和书籍文献中经常被提及。分析显示，现有的考古成果和证据链并不完善，无法支撑基于很多假设和推断的“西来说”，因而无法排除“西来说”并不成立的可能[2]。然而，若想进一步分析“西来说”的可靠性，还需要仔细观察和分析与古代冶铜技术传播相关的一些问题，以便避免可能存在的误区或偏差。

4.1 喜马拉雅山脉隆升形成欧亚地区的人文交流屏障

2 亿多年前地球尚未形成稳定的结构，地壳上远古大洋中的大陆板块不断飘移、碰撞，并造成古特提斯洋的闭合[3]。约 5 千万年前印度和亚洲大陆板块发生碰撞，导致了喜马拉雅山脉和青藏高原的隆升，并带动了帕米尔高原的升高。喜马拉雅山脉至今的隆升过程以间歇方式实现，即存在若干快速隆升的阶段[4]。距今 250 万年前、110 万年前、80 万年前、1.4 万年前等时段，喜马拉雅山发生过多次快速隆升过程[5]；250 万年前唐古拉山口地区上升到接近 2000 米的高度，100 万年前青藏高原的高度上升至 2500 ~ 3000 米的范围。约 80 万年前青藏高原、帕米尔高原及其相邻山脉的急剧隆升[6]，导致青藏高原的海拔超过了 3000 米[4-5]。约 15 万年前喜马拉雅山出现新的强烈隆升[4]，自 1 万多年前以来其隆升又再次加速[7]，逐渐上升到接近今天的 4000 ~ 5000 米的范围[5]。分析认为，自 1.6 万年前至今，青藏高原新增的上升幅度约为 1500 米[8]，并造成了地理结构的改变，如南亚的克什米尔盆地被切开[9]、黄河结构变化[5]等。

青藏高原带动帕米尔高原的隆升，削弱了亚洲季风环流而加强了西风环流，阻断了水汽向今天中国西北部和中亚地区的供应，导致了亚洲内陆快速干旱化，以致 200 多万年前该地区出现许多干旱的戈壁滩[10]。随着青藏高原和帕米尔高原的持续隆升，不仅中国西北地区出现了干旱带，中亚地区的气候也比以前变得越来越干旱，继而在中亚地区形成了大范围的沙漠地带[11]。所涉及的沙漠地带包括伏尔加河以东、里海以北的雷恩沙漠与缅铁克沙漠，以及里海与帕米尔高原之间的卡拉库姆沙漠群（中央卡拉库姆沙漠、外温古兹-卡拉库姆沙漠、孙杜克利沙漠等）与克孜勒库姆沙漠。前者满满地覆盖了东欧与北亚间的陆路通道，后者则以不留间隙而连续蔓延的方式覆盖在中亚至北亚的通道上[12]，极大地阻碍了公元前2000年或更早时期人类族群穿越这两个通道而展开大规模的技术交流。因喜马拉雅山脉隆升而形成的沙漠地带甚至还包括南亚印度河南岸的印度大沙漠。另外，克孜勒库姆沙漠的北面和东北方直至巴尔喀什湖还有大巴尔苏基沙漠、咸海沿岸卡拉库姆沙漠、莫因库姆沙漠、萨雷耶西克阿特劳沙漠等[12]。

如果自1万多年前以来，青藏高原和帕米尔高原在原有海拔3000多米的高度上又上升了1000多米，则对人类来说就达到了高寒缺氧、坡陡路险等难以生存和跨越的状态。另一方面，青藏高原隆升所导致里海以北和以西大片沙漠区域的形成和不断扩张，无疑也会成为早期人类族群后续迁移跨越的巨大，甚至难以克服的障碍。

4.2　史前现代人（晚期智人）向东亚的迁移

人类学的研究显示[13]，距今一千多万年前世界各地已遍布古猿类动物，包括非洲、欧洲、亚洲的阿拉伯地区、印度、巴基斯坦、泰国等地；在中国2000多万年前的江苏，1600多万年前的甘肃、宁夏，800多万年前的云南、内蒙古等地也发现曾有过古猿类动物的生存[14]。或许世界各地的古猿都曾发生过向现代人类转变的进程，然而观察今天世界各地的人类族群可以发现，他们大体都可以无限制地互相混血、通婚，因此应该源自共同的祖先。一般认为今天的人类起源于非洲，约200万年前人类的先祖走出非洲，经过长期演化转变为现代人，即晚期智人[15]。即便世界各地早期的古猿族群可能发生过向现代人类转变的进程，但自几百万年前以来也在其生存繁衍中各自逐渐走向了灭绝。早期生存于非洲以外的北京猿人和欧洲尼安德特人等亚、欧古老原始人群或许是之前从非洲迁移出来的那些原始人群的后裔，但他们都逐步灭绝了[15]，其间也不排除这些原始人群与之后自非洲迁入的外来者有少量的混血[16]。大约13万年前，已转变成现代人，即晚期智人的人类族群继而先后走出非洲，逐步取代亚洲和欧洲的原始人群。在繁衍生息的过程中各地史前人类族群经常会为追求更好的生存环境而不断迁徙甚至是长途的迁移，进而到达遥远的地球各大洲，甚至是各个偏僻角落。根据一些学者的观点[17]，图 4.1 给出了现代人从非洲向东亚方向迁移的南线和北线两条主要路径。人们对现代人向东迁移时到达各地大致的时间点尚有不同的看法。但总体的认知范围在于：12 万 ~9 万年前现代人多次从非洲向外扩散，随即出现在西亚乃至中国的黑龙江地区[18]，并继续向西南亚和南亚多地迁移；在 12 万 ~8 万年前或稍晚些，沿南线（见图 4.1）到达了中国的湖南、湖北、广西等地；沿北线迁移的现代人则于 4.5 万 ~4 万年前已到达了亚洲北部及东西伯利亚地区[17]。约 12 万年前，地球的气候发生了迅速转冷的重大变化[19]，即逐渐进入至今地球气候历史上最后一次明显降温的末次冰期[20]。其间，受如今俄罗斯远东寒带地区的寒冷季风控制，西伯利亚地区出现大范围冰盖，4 万 ~5 万年前中西伯利亚的冰盖达到最大[21]。自此至人类文明萌生之前，北线沿途被寒冷气候阻断，已不再适合人类的居住或迁移穿越。

约 10 万年前现代人已经迁移到了东欧地区[16]，沿北线迁移的现代人则需要先从东欧地区出发，经过里海的北侧再向北亚地区迁移（见图 4.1）。当时喜马拉雅山和帕米尔高原的隆升高度刚刚超过 3000 米[5]，居住在西亚但希望迁移的部分人类族群尚有能力跨越阻碍向东迁移，或再转而南下进入中国西北的新疆地区。另一方面，3000 多米高的喜马拉雅山对亚洲季风环流的削弱尚未能足够显著地阻断向中亚地区输送的水汽[10]，因而中亚地区的沙漠环境尚未形成，或沙漠地区自然环境尚未恶劣到能阻碍人类的迁移跨越与生存，因此当时 3000 多米高的喜马拉雅山脉并未成为现代人于约 10 万年前向东迁移的严重障碍[11]。在 1 万多年前逐渐接近人类文明萌生的时候，喜马拉雅山脉已经隆升到 4000 ~ 5000 米的高度，自此喜马拉雅山脉、帕米尔高原，以及所形成的中亚和南亚沙漠地带才成为人类迁移跨越的严重地理障碍，显著遏制与阻碍这些山脉与沙漠两侧人类社会的人文与物资交往，以致在人类文明萌生的早期，两侧的文明社会鲜有大规模的交流（见图 1.3）。此外，图 4.1 所示现代人向东迁移北线的北侧，是俄罗斯西伯利亚北部极为寒冷的地区，数万年前的现代人族群也不具备轻易跨越如此寒冷地区的迁移能力[21]。

进入中国新疆地区的部分现代人与西亚地区的现代人应该源自相近的人种。喜马拉雅山脉的后续隆升阻断了地理障碍两侧人文交流之后，西亚的族群与同一种族但已迁移到中国新疆地区的族群被分割成相对独立的两部分，相互间的人员

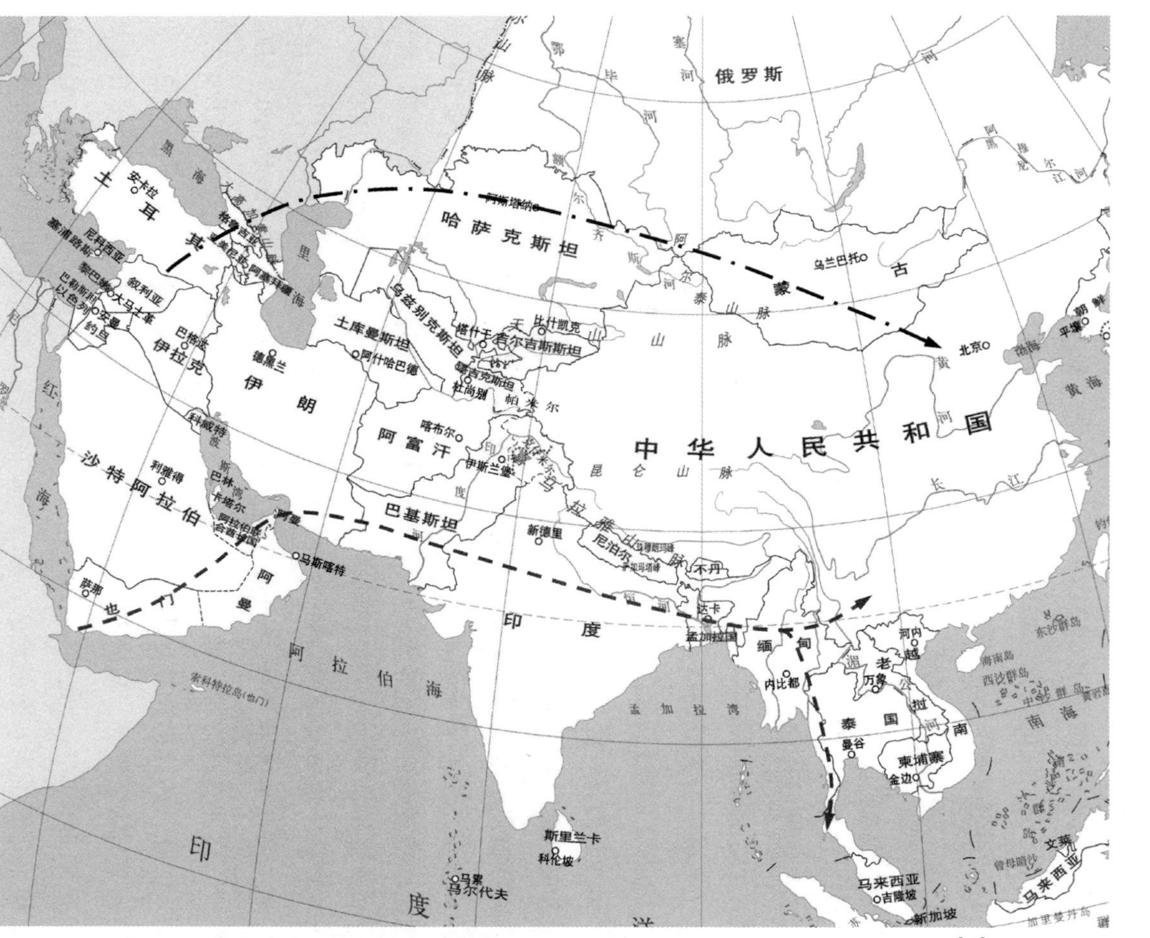

图 4.1　非洲现代人向东亚方向迁移的南线（虚线）和北线（点划线）两条路径[17]

（审图号：GS（2024）2735 号）

流动和文化交流大幅度减少。从那时起，新疆的各个族群不得不在与西亚非常隔绝的条件下独立发展[22]。自公元前6世纪佛教在印度北部出现后于约公元前2世纪传入新疆地区[23]，自此佛教作为新疆地区主导性宗教一直保持到公元16世纪。鉴于上述地理阻隔，后来萌生于西亚的伊斯兰教也因此并未能在新疆取得主导性地位，伊斯兰教借助自16世纪以来剧烈的政治变动才在新疆取代佛教逐渐占据了主导性地位。喜马拉雅山脉隆升导致的地理障碍把同一或相似人种分割成文化传统不同的两个族群，由此也可以看出喜马拉雅山脉的造山运动对其两侧，即泛环地中海地区文明区与泛东方文明区之间人文交流的长期阻碍作用（见1.5节，图1.3）。

4.3 亚洲北方草原地区与中华文明核心区的早期人文交流

泛环地中海文明区与泛东方文明区之间的人文交流，尤其是在公元前2000年之前，长期受到地理环境的阻碍（见图1.3）。但同时期，在亚洲北方草原地区与中华文明核心区之间却并不存在早期阻塞人文交流的明显地理障碍。约自公元前4000年以来，中国北方的游牧民族往往存在狩猎行为（见图4.2），而北方的农耕民族则以种植为生（见图4.3），两类族群相邻生存，并一直存在着各种互动和交往[24]。

(a) (b) (c)

图4.2 中国北方游牧民族新石器时代中晚期游牧行为的文物

a—甘肃秦安大地湾公元前6000年狩猎石球（甘肃省博物馆）；

b—黑龙江饶河小南山约公元前3000年石镞（黑龙江省博物馆）；

c—内蒙古乌拉特中旗公元前3000年至公元前2000年牧马图岩画（内蒙古博物院）

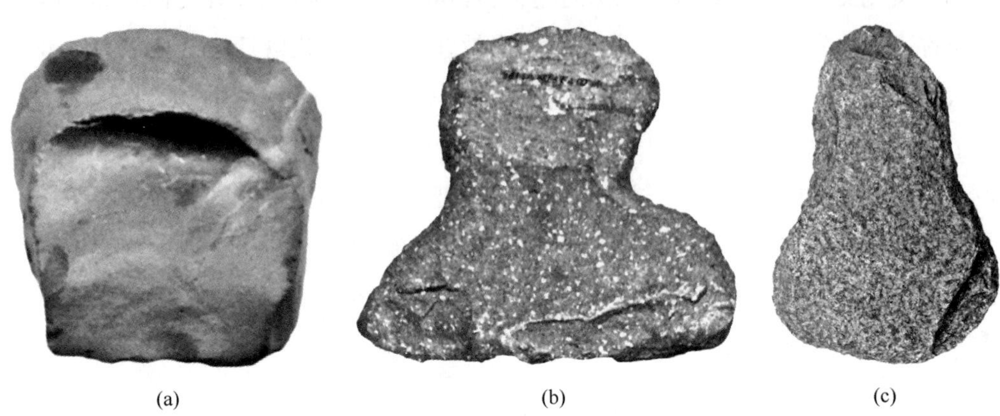

(a)　(b)　(c)

图 4.3　中国北方农耕民族新石器时代中晚期使用的石锄

a—新疆吐鲁番定河公元前 8000 年至公元前 3000 年石锄（新疆维吾尔自治区博物馆）；

b—内蒙古敖汉旗兴隆洼公元前 7000 年至公元前 6000 年石锄（内蒙古博物院）；

c—黑龙江宁河莺歌岭公元前 3000 年至公元前 2000 年石锄（黑龙江省博物馆）

约公元前 3000 年中华文明开始萌生，公元前 3000 年至公元前 2000 年是中华文明的五帝时代。尽管迄今为止对这个时期相关人物和事件的描述并不非常准确可靠，但中国出现人工冶铜技术之后至夏商周时期之前的这个时代却是客观存在的。当时各地的不同部族为改善生存环境而迁移，尤其是一些北方的重要族群不断向南迁移、相遇、融合，进而融合成了巨大的部落联盟集团，如黄帝集团、蚩尤集团等，最终形成了华夏民族[25]。

公元前 2000 年之前全世界的人类族群均未掌握在生产、生活、争斗中大规模使用马的能力[26]，因此五帝时代中华文明区与周边地区的经济和人文交流必定是比较缓慢的，但即便是缓慢的交流也会明显强于当时北亚草原与东欧草原之间，以及中亚北部与中亚南部之间的交流，因为后者长期处于被大片沙漠区阻断的状态。

在五帝时代，中华文明核心区与其北方及西北方邻近的众多民族有长期交往的历史，且随历史的演变对居住于西北方的民族有不同的称呼。《史记·匈奴列传》对这些民族的记载为“尧时曰荤粥，周曰猃狁，秦曰匈奴”[27]，《晋书》卷九七《北狄匈奴传》也述称：“匈奴之类，总谓之北狄。夏曰荤粥（獯鬻，xūn yù），殷曰鬼方，周曰猃狁，汉曰匈奴”[28]。其生存的范围向西扩展到今天哈萨克斯坦巴尔喀什湖一带，向北则扩展到今天俄罗斯贝加尔湖一带[29]，覆盖了图

3.4 中三个北亚地区在贝加尔湖与巴尔喀什湖之间发现古铜器遗址所在的位置，以及今天俄罗斯南西伯利亚其他古铜器遗址的位置[30]。

以农耕为主的华夏民族区与其北方、西北方历史上曾相邻而居的众多以游牧为主的民族区均处于泛东方文明区[31]，各相邻民族经常会因迁移行为而相遇，并发生矛盾和冲突，但早期的相遇也可能出现相互融合的现象[32]。大禹时期北方的荤粥就曾参与了华夏民族的治水活动，因此《诗·商颂·长发》称："洪水芒芒，禹敷下土方"，土方是荤粥的分支，即荤粥等民族与华夏族出现了融合行为[33]。夏商周时期建立周王朝的周人曾长期与犬戎族错居杂处，犬戎即荤粥的后裔。殷商讨伐鬼方时，将俘虏的贵族或酋长徙入内地，与殷人融合或建立国家。夏王朝灭亡后，部分夏族人向北迁徙，与当地族群融合成为后来的匈奴族群，因此《史记·匈奴列传》还称，"匈奴，其先祖夏后氏之苗裔也"[27]。如图3.4 所示西汉时期在匈奴腹地出现的汉式宫殿可以说明，中国北方的匈奴与内地中原存在密切的交往历史[34]。从五帝时期的荤粥开始算起，经历禹时的土方、殷商的鬼方、周代的犬戎或猃狁，到了秦汉朝代的匈奴时，这种融合已经历了三千余年的历程，且在春秋战国时期，荤粥及其后裔民族和华夏族的融合达到了顶峰[33]。由此可见，自中华文明萌生以来，中原地区与其北方和西北方地区的许多民族有着长期的交往与联系。根据迄今为止的历史观察，这种带有融合性质的联系并不存在于当时的北亚草原与东欧草原之间或中亚北部与中亚南部之间。

4.4 环地中海地区的近代考古发掘

哥伦布自 16 世纪初多次到美洲大陆之后，欧洲人开始了大规模的海外探险、扩张和征服行为，至 19 世纪足迹遍及非洲、美洲、大洋洲和亚洲各地[22]。然而，到 18 世纪末欧洲对古埃及文明虽然已经有所探索[35]，但相应的了解仍旧十分有限。1798 年拿破仑率领法军占领埃及，1799 年一名法军军官发现了一块公元前 8 世纪至公元前 5 世纪刻有古埃及象形文字且配有希腊文字的石板，并存的希腊文字为解读古埃及象形文字提供了重要线索[36]。18 世纪末至 19 世纪初欧洲的一些主要国家广泛收集了涉及古埃及文明的文物并整理出大量的资料，1822 年法国语言学家福朗索瓦·商姆波良破译了古埃及文字，从 1834 年起德国学者里夏德·莱普西乌斯又不断修订并完善了商姆波良对古埃及象形文字的译读方法，为欧洲人了解古埃及文明提供了关键性通路[36]。

欧洲自 18 世纪中期发生工业革命以来，经济、科技和军事实力大幅增长，进而对古埃及文明的考古研究也得到显著加强。意大利的贝尔佐尼于 1815 年雇用了大批埃及农民挖掘形体巨大的文物，包括重量近 8 吨的拉美西斯二世雕像；1843 年至 1845 年德国的莱普西乌斯组织发掘了 67 座金字塔和 130 座新发现的坟墓，确定出了古、中、新王国的埃及历史分期，测定了数千个埃及帝王、王后、王子的姓名及王位称号；随后法国的奥古斯特·玛里埃特继续完成狮身人面像的发掘（见图 4. 4a），清理了 300 座大官吏的墓葬、挖掘了 37 处古埃及文化遗址；1850 年法国人马里耶特开始发掘开罗附近的法老时期墓地，自 1881 年以来英国考古学家皮特里先后发掘 60 多个遗址；英国考古学家佛林德斯·培特里于 1884 年至 1886 年发现阿波罗、赫拉、阿芙罗底德和基奥尼斯的神庙，之后开掘了阿庇多斯的法老陵墓。1882 年英国全面侵占了埃及并主导了古埃及的考古发掘，1894 年至 1896 年爱德华·纳威尔发掘了哈特谢普苏特女王神庙（图 4. 4b）；20 世纪初期德国和英国对古埃及的考古发掘仍持续不断，并接连获得许多重要的考古发掘成果[35-36]。这些考古发掘使得欧洲人逐渐摸清了古埃及文明的历史脉络。

自 12 世纪起西班牙的本杰明开始关注西亚幼发拉底河和底格里斯河，即两河流域的文明历史。文艺复兴时期的欧洲人到西亚探险、考察的行为日益增多，但是对西亚两河流域文明真正地了解还是基于 19 世纪至 20 世纪欧洲人对西亚进行的大规模考古挖掘[39]。自公元前 3200 年至公元前 4 世纪，即上下约 3000 年的西亚两河流域文明是由以楔形文字为主的文字记载的文明。意大利人德拉·瓦莱于 1658 年第一次向欧洲人展示了楔形文字，德国人卡斯腾·尼布尔于 1761 年至 1767 年大量准确临摹了用楔形文字书写的古波斯铭文，自 1811 年英国的里奇发掘出了大量楔形文字泥板，1802 年德国的格罗特芬随后成功地解读了楔形文字，为欧洲人了解两河流域文明提供了关键性通路[40]。

自 19 世纪初期起，英国、德国、意大利、法国等国的研究者纷纷来到伊拉克等西亚地区探寻与发掘两河流域文明早期的建筑与文物。1821 年英国的里奇发掘了伊拉克的亚述城，1847 年至 1853 年英国的莱亚德和萨姆发现了萨尔曼纳萨尔三世雕像以及提格拉特帕拉萨尔一世泥柱铭文[40]。1843 年法国的博塔在伊拉克亚述国王萨尔贡二世的都城发掘出雕刻的石板和泥板等大量文物，1845 年英国人奥斯丁·亨利·莱亚德在土耳其的尼姆鲁德发掘出大量的浮雕石板、石雕和其他文物，1873 年英国人史密斯在伊拉克摩苏尔发掘出了数百块楔形文字泥

(a)

(b)

扫一扫看彩图

图 4.4　古埃及的建筑

a—建于约公元前 26 世纪的狮身人面像与哈夫拉金字塔（原高 143.5 米，底边长 216 米[37]；王学林供图）；b—约公元前 15 世纪的哈特谢普苏特女王神庙内精美的装饰画[38]（王学宏供图）

板。1878 年阿拉伯血统的英国人拉萨姆也在摩苏尔发掘出大量泥板和著名的亚述巴尼拔棱柱铭文，在阿布-哈巴发现了 300 处遗迹并清理出 4 万多块泥板，在巴比伦发现居鲁士圆柱铭文以及一些青铜器。直至 1878 年法国的德·萨尔则克在巴比伦尼亚的古代遗址中发掘出大量文物，直至 1894 年德国的胡曼等人在土耳其境内的钦其尔里发掘了许多宫殿遗址以及铭文和石碑等。1878 年至 1894 年美国和土耳其人也获得了一些考古成果[39]。19 世纪中后期，欧洲人逐渐认清了，比古希腊文明还要早两千多年的两河流域地区早期苏美尔文明的面貌[40]。图 4.5

给出了在西亚两河流域美索不达米亚文明区的几件冶金考古文物实例。

(a)　(b)　(c)

图 4.5　西亚两河流域美索不达米亚文明区的冶金考古文物（美国纽约大都会博物馆）
a—公元前 3100 年至公元前 2900 年铜质头像；b—公元前 3100 年至公元前 2900 年银质跪牛持器像；
c—公元前 6 世纪至公元前 5 世纪银柄铁斧头

基于北非与西亚的考古成果，欧洲人随后逐渐厘清了两河流域西亚文明、北非古埃及文明、爱琴海克里特文明和迈锡尼文明等对古希腊文明和后续古罗马文明等西方文明前身的影响，以及各文明间的传承关系。通常所说的西方文明是指[22]，起源于古希腊，经古罗马的传承而遍及欧洲腹地，中世纪以来以基督教为主要宗教，主要由西罗马帝国所涉及西欧众多民族共同发展起来的文明，后期因基督教的出现也会被称为基督教文明。这一文明后来还扩散到北美、大洋洲和世界其他地方。考古及历史研究显示，约公元前 2000 年，位于地中海东部爱琴海南端的希腊克里特岛出现了克里特文明[41]，且克里特的文化受到了西亚和北非的显著影响[42]。约公元前 15 世纪继克里特文明衰落后，在附近爱琴海希腊半岛南部的伯罗奔尼撒半岛出现了与克里特文明相关联的迈锡尼文明。约公元前 13 世纪，希腊大陆的外来族群侵入了迈锡尼地区，并毁灭了迈锡尼文明[43]，随后该地萌生了西方文明的前身即古希腊文明[44]。由此可见，西方文明的萌生与西亚美索不达米亚地区文明、北非古埃及文明以及早期爱琴海地区文化密切相关[22]。

公元前4世纪，古希腊君主亚历山大曾率领强大的军队发动东征，对西亚两河流域地区文明[41]和北非古埃及文明[45]都造成了毁灭性打击，即西方文明前身的古希腊文明毁灭了对其曾有过影响的这两个文明。自18世纪中叶，欧洲爆发工业革命以来，经济发达、科技繁荣、军事强盛，欧洲的整体实力相对于周边及全世界所有国家都达到了前所未有的领先水平。欧洲各国先后征服了经济、文化尚落后的非洲、美洲、大洋洲、亚洲，并打败了在东亚具有较强经济实力但军力和科技实力已经落后的中国。自此，欧洲社会逐渐形成了环地中海是世界文明中心，即欧洲是世界文化和文明中心的理念，且在潜意识里逐渐地认为：世界一切古老文明必然衰败，而具有压倒优势地位的西方文明则不可避免地要领导全世界。同时，或许自然而然地会出现一种认知：与西方文明起源有某些传承关系的古埃及文明和两河流域西亚文明在一定程度上应该也是世界其他文明的源泉。这种理念难免会在历史学、考古学的研究中有所体现。

2008年2月29日德国PHOENIX电视台播出了主持人弗兰克·泽林（Frank Sieren）与已故德国前总理赫尔穆特·施密特（Helmut Schmidt）关于中国的一段讨论。泽林和施密特都长期与中国交往，非常了解中国。讨论中谈及中国远古文化时，泽林从欧洲人常规的视角出发问道，文化远古本身有价值吗？那些远古文化难道不会太过时吗？施密特说，令人惊叹的是古老中国文化下的民众突然充满了活力，欧美在30年前对此完全没有预料到，中国不是太过时了，她充满了活力。泽林又问，这是为什么呢？施密特回应说，这对我来说也是一个谜；施密特进而猜想，在众多原因中，中国历史上未曾出现全民性的宗教或许是原因之一。

由此可见，对中国非常了解且非常友善的欧洲人也很难完全厘清和理解中华文明的内涵。或许在一些西方学者的印象里，在泛环地中海文明圈之内，后发的古希腊文明及其崛起自然会毁灭诸如在古埃及、两河流域美索不达米亚等地曾一度繁荣但“过时”的古老文明；他们很难识别出古老的埃及文明和美索不达米亚文明与古中华文明之间的本质区别[22]。有鉴于此，泛环地中海文明和泛东方文明两大区域内的两方学者，即便面对同样的文明历史遗迹和冶金考古发掘成果，也难免会因基于不同的文明背景和理念而给出不同的理解和认知，包括对文明发展历史和早期人工冶铜技术发展历史的解读。

4.5　古希腊时期被阻断的东向交流

公元前5世纪，古希腊著名学者希罗多德在他的著作《历史》中对当时高加索地区的人类社会情况做过较多的描述[46]。他认为，高加索山脉以北、黑海和里海之间欧洲第聂伯河下游和伏尔加河下游地区居住着斯基泰人及若干其他相邻部族，斯基泰人的北方被认作是无人居住地或荒漠地带；第聂伯河的中上游则被标识为“无人居住之地”。在东边的伏尔加河上游及乌拉尔河上游，有若干部族生存的模糊传闻。当时该地区的物品和人员的流动都非常困难。希罗多德描述道：“这些地方在冬季都是极其寒冷的。在这些地方长达8个月的冬季里，到处都是滴水成冰，若不是点火烘烤，甚至无法用水和泥”“除了绵延8个月的冬季以外，剩下的4个月里气候也很凉”。在斯基泰人居住地的北方，“即在斯基泰亚以北的地方，由于有大量的羽毛从天而降，因而人们无法去那里实地观察。大地和空间到处都飞舞着这种羽毛”，“那些漫天飞舞的羽毛，它使得人们不能进入到大陆北部的地方”，这里所说的羽毛就是漫天的大雪。希罗多德的描述显示，到公元前5世纪时，高加索山脉以北至里海地区的人类活动仍不够活跃，与东欧及西亚地区的联系也不很频密，加上当地寒冷的气候等因素，高加索地区始终无法成为人员和物资与东欧地区大规模相互传输的便利途径。

公元前4世纪古希腊君主亚历山大带领强大的军队一路向东征服和讨伐，势不可挡。公元前333年，亚历山大占领了巴勒斯坦和埃及，公元前331年进入两河流域，公元前330年占领波斯都城并灭亡了古波斯[41]。随后亚历山大的军队向北征服[47]，来到里海南端并沿里海向东北方向推进，到达今天伊朗和土库曼斯坦的接壤地区后即遭遇卡拉库姆沙漠而无法前进，向南绕行后再次向北到达当时的马拉干达（见图4.6，今乌兹别克斯坦撒马尔罕）[48]。此时向西走再遇卡拉库姆沙漠，向北走遭遇克孜勒库姆沙漠，向东则是高高的帕米尔高原。亚历山大的军队在这三个方向分别做了不成功的进军尝试后，于公元前327年转而向南进军，再向西则是高耸的喜马拉雅山，向南渡过了印度河后即遭遇到河对岸广阔而难以翻越的印度大沙漠，自此已经疲惫不堪的亚历山大军队于公元前326年停止了东征，并沿印度河于公元前325年返回了西亚（见图4.6）[47]。应该说，正是隆起的喜马拉雅山脉和帕米尔高原以及中亚、南亚的大沙漠阻止了亚历山大继续东征的强烈欲望。迟至公元前4世纪在掠夺财富和抓捕奴隶等利益的驱动下[22]，

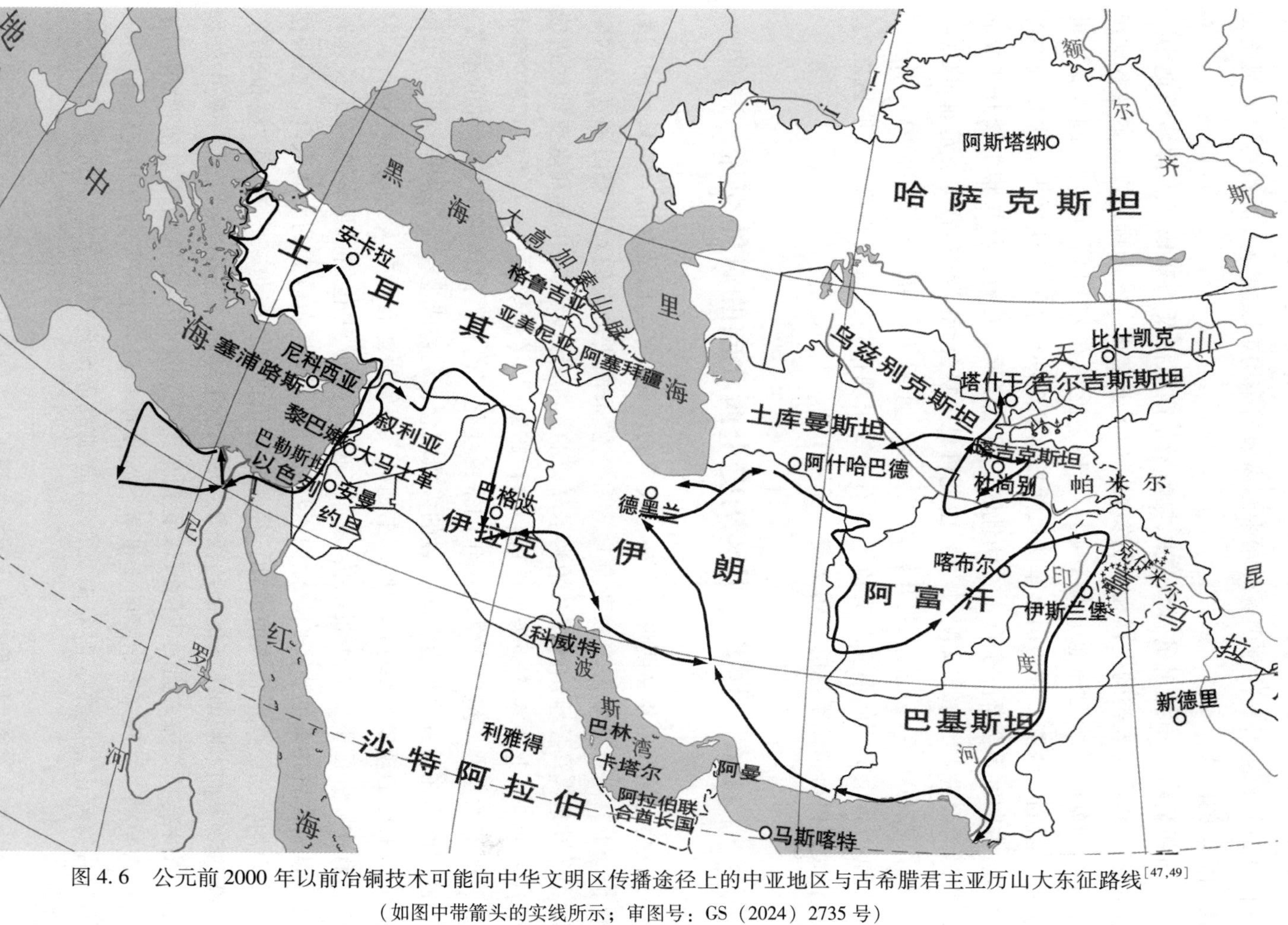

图 4.6　公元前 2000 年以前冶铜技术可能向中华文明区传播途径上的中亚地区与古希腊君主亚历山大东征路线[47,49]

（如图中带箭头的实线所示；审图号：GS（2024）2735 号）

强大的亚历山大军队都难以穿越那些沙漠和高原，由此可见，当时跨越中亚沙漠区向北以及跨越喜马拉雅山脉和帕米尔高原向东均难以成为人员和物资大规模交流和传输的路径。

分析显示[31]，隆升的青藏高原与帕米尔高原以及中亚地区大片沙漠地带产生的阻隔作用对人类的生存和文明发展产生了非常重大的影响，以致全球各地早期文明划分成了“泛环地中海文明区”和“泛东方文明区”两大范围，分别处于这一阻隔的两侧。亚历山大军队虽然扫荡了泛环地中海文明区内的古埃及、苏美尔、古印度等全部三个远古文明地区，但始终没能跨越喜马拉雅山隆升造成的地理障碍而进入泛东方文明区[31]。由此可见，从公元前4千纪（公元前4000年至公元前3000年）人类文明开始萌生，至公元纪年之初人类迁移能力大幅度增强之前，各个文明的演变和交流不得不主要出现在各自所处的两大文明区之内，鲜有大规模跨越该阻隔的文明交流（见图1.3）。

4.6 中华文明区历史上西北向的对外交流

在公元前数千年文明形成之初，人类的社会生产力以及对抗自然环境的能力仍很低下，尚难克服许多较苛刻地理和气候条件所造成的对其繁衍和迁移的阻隔，尤其是喜马拉雅山脉以及帕米尔高原的不断隆升及其在中亚和南亚地区造成的沙漠地带、北方寒冷地带等地理和气候阻隔[21]（见4.1节、4.2节）。尽管如此，严酷的自然环境也会呈现一年四季的变化，也有严酷条件有所缓和的季节，因此即便是在远古时代也会有少量的人在理念、利益或生存压力的驱动下勇于探险，以有限的规模尝试穿越某些严酷地区，尽管可能有不少人会迷失在这种探险的过程中，并留下令人生畏的传说。在这类的尝试中包括了那些擅长于长途跋涉、从事商贸往来的商人们。他们通常并不一定是耗费巨大的大队人马，但即便是有限的物品交换所带来的成功，往往也会给这种探险带来足够的收益和补偿，并促进着人们不断地进行类似的探索。从历史上丝绸、棉花、纸张等一些中外物品和技术传播交流方面的实例可以看到，正是人类与生俱来的探索精神[50]，才使得遭受恶劣自然环境阻隔的全世界各地文明得以发生不断地互相交流和影响，且这种交流由早期的、时有时无的涓涓细流逐渐演变成后来不可阻断的历史洪流。

在山西夏县西阴村仰韶文化遗址发现了人工切割过的蚕茧，在浙江湖州潜山漾遗址中发现了丝线和丝带，这些都显示出约公元前3000年前中国已开始用蚕丝制作织物[51]。河南荥阳的青台遗址还出土了一块约公元前3500年前的丝绸残片[52]，因此中国是世界上最早发明蚕桑丝织的国家。在俄罗斯的阿尔泰地区一处年代为公元前10世纪的巴泽雷克墓葬中发现了不少来自中国的丝绣织物[53]，即那时中国内地的丝绸制品已经通过西域地区的河西走廊传到了新疆及周边地区。公元前5世纪在波斯帝国盛行丝质服装[54]，一般认为，约公元前6世纪丝绸已传到欧洲[54-55]。考古挖掘和研究也发现了公元前5世纪古希腊地区丝绸织物的实物和一些保留下来的文献记载[54,56]。因此，丝绸最早应该是在公元前数百年经过河西走廊、新疆、中亚、波斯，逐步传到了欧洲[54]，即那时会有商队常常以各种路径穿越新疆与波斯帝国之间的地理阻隔。公元前48年凯撒大帝在祝捷会上还穿上了丝绸服饰，当时中国的丝绸已流行于罗马人的服饰中[53]。

棉花并不是原产于中国的物种。考古研究发现，约公元前3000年或更早，在美洲、埃及、印度的野蛮时代都有种植和使用棉花的遗迹[57]。在福建崇安武夷山白岩船棺出土了商代的一小块青灰色平纹棉布，是中国所发现最早的棉制品[57]，应该是以制品的形式从东南亚直接输入中国。约公元前8世纪，棉花的种植技术可能经东南亚已传入中国的南方，公元前3世纪《尚书》中出现了关于棉花的记载[58]，至汉代时（公元前202年至公元220年），棉花在中国仍很珍贵，多用于皇族上层，且棉花的种植技术也从西北的通道传入新疆[59]，乃至进入内地广大地区。

造纸术最早由中国发明，西汉时期（公元前202年至公元8年）中国就已经有了各种纸的制作和使用。约公元1世纪东汉（公元25年至公元220年）的蔡伦在总结前人经验基础上，用树皮、破渔网、破布、麻头以及其他多种植物作为原料，制成了质地更优且适合书写的植物纤维纸，改进了造纸术[60]。当时陆上丝绸之路（公元前139年）业已形成，中国制造的各种纸张源源不断地向西输送，但西方当时并不掌握造纸技术。中国的纸张和造纸技术随后渐渐流向了世界各地。两汉时期造纸技术传到今天的朝鲜、越南、日本，然后传至印度、巴基斯坦、孟加拉国、印度尼西亚、菲律宾、泰国、缅甸等地，随后沿古丝绸之路向西传播[61]。公元751年唐朝大将高仙芝率军与古阿拉伯帝国在中亚爆发怛罗斯战役并战败，唐军中的造纸工匠们被阿拉伯军队掳往西亚，导致古阿拉伯帝国掌握了造纸技术并建立了造纸场[61]。公元793年造纸术传到伊拉克巴格达，795年传到叙利亚大马士革，900年传到埃及开罗，1100年传到摩洛哥，1150年传到西班牙，1276年传到意大利[61]。

上述丝绸、棉花、纸张等方面的传播与交流都会涉及克服西北方向的地理阻隔后，中国与外部世界在物品和制作技术两个方面的双向输送，而这两方面的输送却存在显著的差异。古代丝绸制作技术涉及：桑蚕饲养：选茧、剥茧，晒茧、腌茧、蒸茧、烘茧与缫丝，织造：染整、印花等一系列生产和加工技术，以及相关生产设备的制作技术[62]，这些系统性技术的西向传播并非易事。先秦时期（公元前221年之前）虽然中国的丝绸物品早已传到罗马，但西方对丝绸的生产技术仍一无所知[63]，自公元100年和166年罗马的商队分别从陆路和海路到达洛阳并受到东汉政府款待之后[64]，丝绸生产技术才逐渐传往西方。中国制造的纸张虽然早已通过丝绸之路传向西方，但中国在汉代的造纸技术就已经涉及了：浸润麻料、切碎、洗涤、草木灰水浸、舂捣、再洗涤、配浆液、搅拌、抄造、晒纸、揭纸等一系列生产工艺环节，以及相关生产设备的制作技术[61]，因此系统性造纸技术的西向传播也非易事，完整造纸技术的西向传播也是直至公元8世纪丝绸之路已非常便利，且中国造纸工匠们整体被掳往西亚之后的事[61]。

综上可见[2]，隆升的喜马拉雅山脉以及帕米尔高原、中亚和南亚地区的沙漠地带、北方寒冷地带等地理和气候阻隔横亘在泛地中海文明区与泛东方文明区之间，成为阻碍东西方文明交流的严重障碍。至少直至公元前20世纪，这种天然障碍对于人类当时有限的知识水平和技术能力来说尚很难完全克服，即无法跨越这些地理和气候阻隔以实施大规模物品或系统性技术的交流。只是在公元前10世纪之后才记录到，人类曾一定程度地克服了这种屏障所导致的阻断，使得阻断屏障两侧的人类族群相互之间得以在人员、物品、文化等方面实现缓慢的时断时续的交流，但是该屏障仍会阻断造纸、丝织等复杂技术的系统性传播和交流。另一方面，只要有人能跨越地理环境的屏障，就可带回棉花或其他农作物的种子与种植这些农作物的方法，就有可能克服西北方向的阻隔并将棉花或其他农作物引入中国，因此西北方向的自然屏障并不会成为约公元前8世纪或更早时期外来棉花等农作物物种从西北方向输入中国的致命性障碍。

4.7 环地中海地区早期冶铜技术的传播与欧亚草原的概念

1976年英国冶金科技史学者泰利柯特（Tylecote R F.）出版了《冶金史》（*A History of Metallurgy*）一书，他以西亚地区是全世界唯一的人工冶铜技术发源地为出发点，对全球人工冶铜技术自西亚的传播作了如下的表述[65]：

人工冶铜技术在西亚地区率先出现，于约公元前4500年传播到伊朗北部的锡亚尔克，公元前3800年至公元前3500年出现在伊朗南部的泰佩叶海亚和泰佩吉扬、伊朗西北的扬尼克泰佩；随后出现的地点为公元前4000年至公元前3500年伊拉克的泰佩高拉，公元前3500年至公元前3200年伊拉克的乌尔，公元前3500年之前叙利亚北部的阿姆克，约公元前3500年以色列的贝尔谢巴，公元前3200年出现在巴勒斯坦等。约公元前4000年埃及出现人工冶铜制品，包括约公元前3000年的砷铜制品和约公元前2600年的青铜制品。

向欧洲传播的途径包括沿黑海岸到多瑙河，穿过爱琴海到北方的希腊，于约公元前3000年传播到今天土耳其境内的特洛伊城。公元前3000年之前在匈牙利和保加利亚，以及约公元前3000年在东斯洛伐克已经有铜器出现。约公元前2500年，人工冶铜技术经爱琴海传播到塞浦路斯、克里特、希腊半岛等地，意大利以及欧洲伊比利亚半岛在公元前3000年至公元前2500年也出现了人工冶铜制品。斯堪的纳维亚、荷兰、不列颠诸岛等地先后于约公元前2900年、约公元前1940年、约公元前1900年出现人工冶铜技术或人工冶铜制品。另一方面，约公元前2200年人工冶铜技术从伊朗的西北端经过高加索地区向外高加索和伏尔加河下游传播，约公元前2000年在北高加索库班出现人工冶铜技术，公元前2000年至公元前1800年在伏尔加河下游地区出现人工冶铜制品。

人工冶铜技术向南亚传播的途径是公元前3000年至公元前1500年经伊朗南部沿波斯湾传入印度，且公元前3000年至公元前2300年在泰国东北部发现冶铜制品。冶金术大概是在很晚的公元1500年才从欧洲传往美洲。

泰利柯特认为中国的人工冶铜技术出现于公元前2000年至公元前1500年，且应是接近公元前1500年的后期。自西亚向中国传递的途径有三种可能性：一种是由伊朗经高加索传输到伏尔加河下游后再传向中国，另一种是由伊朗经土库曼斯坦安瑙纳马兹加入阿富汗阿姆达利亚传向中国的喀什，第三种则是从泰国由南向北传向中国。然而，由3.1节和3.2节可知，中国许多早期的人工冶铜制品明显早于公元前2000年。泰利柯特判断中国人工冶铜技术出现于公元前2000年至公元前1500年期间时还要倾向性地说成是接近公元前1500年，显然是这样表述更符合于全世界所有人工冶铜技术都源自西亚的预先设定及相应的传播逻辑，是一种明显的主观性认定。然而，泰利柯特的这种主观性预设和认定对中国冶金科技史的研究学界产生了非常大的影响。

20世纪末期，苏联考古学者契尔耐赫（Chernykn）论述了苏联地区冶金考古的成果。研究显示[30]，在西亚地区率先发明人工冶铜制品的基础上，公元前5

千纪（公元前 5000 年至公元前 4000 年）在苏联范围内首次出现了考古铜器，随后苏联各地都发现了公元前 3 千纪（公元前 3000 年至公元前 2000 年）中期以前，即约公元前 2500 年之前的早期人工冶铜制品，涉及外高加索的格鲁吉亚、亚美尼亚、阿塞拜疆，中亚的土库曼斯坦，东欧草原的乌克兰和今天俄罗斯的伏尔加河西岸地区，以及俄罗斯北亚草原地区等（见图 4. 7）。发现早期铜器的外高加索、东欧各地与土库曼斯坦等苏联地区可以通过最早发明人工冶铜的西亚地区形成相互连通且覆盖了泛环地中海文明区内古埃及、两河流域、古印度等远古文明范围的广大区域[31]。尽管如希罗多德所述[46]，穿过高加索山脉向北传播冶铜技术对当时的人类并非易事，但东欧草原乃至外高加索的冶铜技术仍可借助东南欧喀尔巴阡-巴尔干地区的通道传播而来。另一方面，在俄罗斯北亚草原地区发现考古铜器的位置却与上述地区隔离开来（见图 4. 7），呈现出孤立存在的现象[30]，即当时尚未出现一个贯通的“欧亚草原”，也未发现东欧与北亚之间冶铜技术相互传播的痕迹。这两个孤立的北亚古铜器遗址刚好位于当时南西伯利亚的奥库涅夫萨满文化区[66]，显然属于已被证实的与亚洲的泛东方文明圈有密切联系的范围[31]（见图 3. 4），并不能牵扯到东欧或中亚南部地区。

西亚的人工冶铜技术于公元前 3 千纪（公元前 3000 年至公元前 2000 年）已传播到土库曼斯坦南部及阿富汗地区[65,67]（见图 4. 7）。历史上土库曼斯坦南部和阿富汗北部是巴克特里亚-马尔吉亚纳文化区[68]，在该地区出土的公元前 21 世纪至公元前 18 世纪的铜斧（见图 4. 8a）和铜壶（见图 4. 8b）显示出了非常成熟的铜器制作技艺。从该区域向北就进入了乌兹别克斯坦的克孜勒库姆沙漠区，该沙漠显然会阻止铜器技术的北向传播（见图 4. 7）。乌兹别克斯坦是土库曼斯坦和阿富汗的北方邻国，其国家历史博物馆所保存本地最早的铜器为公元前 6 世纪至公元前 5 世纪的青铜锅[69]。在柏林新博物馆举办的“乌兹别克斯坦考古宝藏展”上，乌兹别克斯坦国家历史博物馆提供了本地出土的晚至公元前 1 世纪至公元 1 世纪精美的铜镜（见图 4. 8c），铜镜上的图案与同时期中国西汉众多铜镜图案中的一种一致（见图 4. 8d），说明这件铜器来自中国。该馆所提供的另一件公元 1 世纪较粗糙的铜锅（见图 4. 8e）也不清楚是否由乌兹别克斯坦本地生产，因为自公元前 2 世纪晚期西汉的张骞开始疏通丝绸之路的同时，也开启了中国铜器的西向传送。然而，目前的考古并未发现乌兹别克斯坦地区有更早铜器的报道[67]，图 4. 8 所展示巴克特里亚-马尔吉亚纳文化区与乌兹别克斯坦所发现最早铜器在时间上约有 1500 年的巨大差异，这说明沙漠区域恶劣的自然环境确实形成了铜器技术传播的巨大障碍。

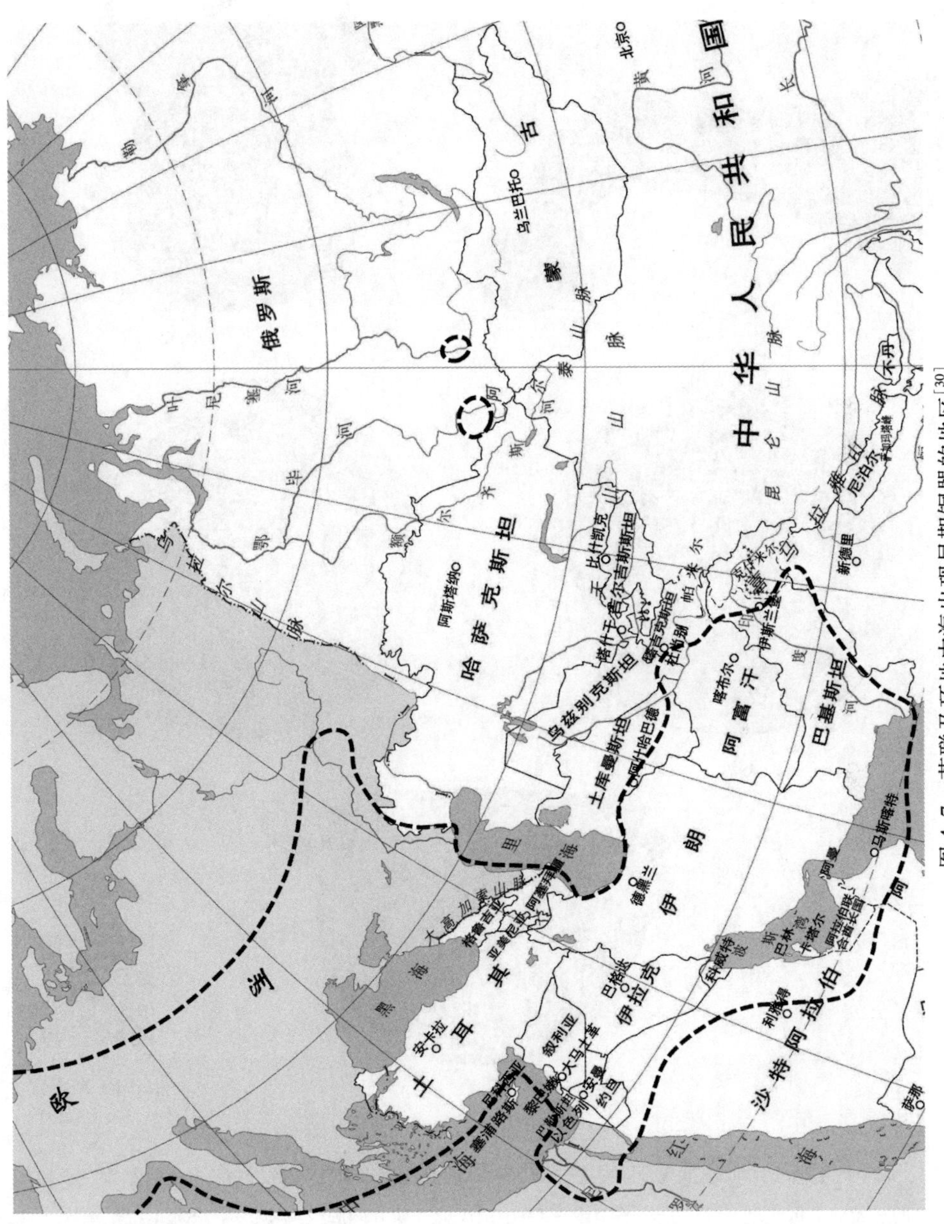

图4.7　苏联及环地中海出现早期铜器的地区[30]

（图中虚线范围勾勒出公元前3000年中期之前出现铜器的地区；审图号：GS（2024）2735号）

扫一扫看彩图

图 4.8　中亚地区早期的铜器

a—公元前 21 世纪至公元前 18 世纪铜斧；b—公元前 21 世纪至公元前 18 世纪铜壶；c—乌兹别克斯坦出土的公元前 1 世纪至公元 1 世纪的铜镜；d—中国汉代的四乳四虺纹铜镜；e—公元 1 世纪铜锅

（图 a，b 为清华大学艺术博物馆“攻金之工”展“阿富汗巴克特里亚-马尔吉亚纳文化的铜器”展品；图 c，e 为乌兹别克斯坦国家历史博物馆在柏林新博物馆举办的“乌兹别克斯坦考古宝藏展”展品；图 d 为陕西历史博物馆展品）

参照迄今为止的考古结果[2,66]，如果中国早期的人工冶铜技术来自西亚，其传播的时间最晚也应在公元前2000年之前。在有史以来地球气候最后一次明显降温的末次冰期时期[20]，受寒冷季风控制的俄罗斯远东西伯利亚地区出现了大范围冰盖；其间，受俄罗斯远东寒带地区的寒冷季风控制，西伯利亚地区出现大范围冰盖，4万~5万年前中西伯利亚的冰盖达到最大[21]。到了距今约2万年前的末次冰盛期，北亚地区进入最寒冷干燥的阶段，即便在西伯利亚地区有人群生存，也会向南迁移[70]。随后，西伯利亚的气候条件仍不稳定，到全新世晚期的约公元前2千纪（公元前2000年至公元前1000年），东西伯利亚海冰的覆盖范围明显扩大，气候又转冷[71]。在此期间，直至人类文明萌生之前，乌拉尔山以东的西伯利亚广大地区并不适合人类的居住或迁移穿越。由此可见，长期的寒冷气候及其不稳定状态使得图4.7所示苏联及环地中海出现早期铜器的地区未能向西伯利亚地区扩张。

今天从地理上看，广义的欧亚草原指自欧洲的多瑙河下游起向东伸展，经匈牙利、罗马尼亚、摩尔多瓦、乌克兰、俄罗斯、蒙古等国后直达中国境内，东西绵延近8000千米[72]；而狭义的欧亚草原则大致指从黑海北岸的南俄草原开始向东通过乌拉尔河流域进入亚洲，并一直延伸至蒙古草原，其东西距离约5000千米[73]。基于中亚地区大范围沙漠区域的阻隔和当时西伯利亚的寒冷气候状态，公元前2000年之前东欧草原与北亚草原的人类社会正在经历的是各自相对独立的发展。当时的社会并未形成欧亚草原的整体理念。只有自公元初年前后以来，欧亚草原作为一个整体概念才对人类社会逐渐呈现出实际的意义。

19世纪以来环地中海地区丰富的考古发掘成果使得人们认为环地中海地区是世界文明中心之后，这种以西方为中心的理念也潜移默化地影响着历史学、考古学研究的走向。为了能够证明亚洲的人工冶铜技术是由西亚传播过去的这种尚偏主观的理念，在传播途径上必然会提出“欧亚草原”的概念[1,74-75]，尽管它对公元前2000年之前的人类社会既无实际意义，也无法自动地推导出传播通道的存在[1]。迄今为止，在包括了北亚草原与东欧草原地理范围的苏联冶金考古挖掘中，并没有发现公元前2000年之前在两地之间有什么联系（见图4.6和图4.7），以及所期待的、冶铜技术传播链条的证据。另外，在亚洲草原众多公元前2000年之前的遗址中挖掘到的所有文物却都展示出了亚洲草原游牧民族不同于欧洲文化的萨满文化特征，也看不到与西亚地区有所联系的确凿依据。

中国的中原地区、河西走廊、新疆，以及覆盖巴尔喀什湖和贝加尔湖的广阔北亚草原地区属于几千年来相互密切交流与频繁联系的泛东方文明区。在这个范围内，人工冶铜技术在历史上曾出现过任何方向的传播和交流都是再正常不过的事情。在分析和思考中原地区与北亚草原的交流时应该从历史上相应文明涉及的范围考虑，而不应过多受限于今天各国的地理边界。

4.8 中国古代冶铜技术“西来说”的产生与演变

自从对西亚地区进行大规模的考古发掘并获得巨大成就之后，欧洲人越来越认识到，西亚地区率先发明的人工冶铜技术、人工冶铁技术向古希腊、古罗马地区的传播对西方文明的发展曾经发挥过的重要推动作用[76]。可以看出，19 世纪以来环地中海地区的考古研究成果在西方社会造成的震撼性影响是巨大而深远的，以致逐渐形成了环地中海地区是世界文明中心的理念。经历了工业革命的西方社会观察到非西方地区当时广泛的工业落后状态，更强化了这一理念，即形成了“西方中心论”的观念。这种意识形态也不可避免地影响到西方学者对历史学的研究。例如，在没有针对冶金技术非常专业性的考古研究出现之前，一些学者就主观地认为，人工冶铜技术对早期人类来说过于复杂，只有早期文明发达的地区才可能发展出人工冶铜技术。一旦文明发达的环地中海出现了该技术，其他文明地区的人工冶铜技术也就很难避免不是由外部传入的。

20 世纪以前，在中国并不存在考古学研究。一些早期的中国人热衷于研究青铜器、碑刻等古器物，并获得了一些系统性认知，进而形成了传统的金石学理论，然而相关的金石学知识往往缺乏文物的出土环境信息和文化背景，难以对历史学研究提供有力的支撑[77]。20 世纪初，瑞典学者安特生受邀来中国从事考古工作，率先发现了中国远古时期的一系列历史遗迹，自此开启了中国近代的考古学研究[78]。安特生主持了仰韶遗址的发掘工作，并认为仰韶彩陶与中亚、东欧地区的彩陶相似，并基于他所熟悉的西方考古学认知，尤其是对西亚考古发掘的认知，因而提出了中华文明源自或传承自环地中海地区的结论，即在中西方社会曾盛行一时的中国史前文化“西来说”[78]。但随后的对陕西彩陶的考古挖掘与研究则证实了在中国发现的彩陶是本土起源的[79]。20 世纪以来，中国的大量考古研究成果逐渐证实了中华文明是本土自生的，而非来自西方。

20 世纪中期，英国学者泰利柯特基于中国铜器出现于公元前20 世纪至15 世纪的晚期，即商朝初期的局限性认知，提出中国冶铜技术来自西亚的“西来说”[65]，并给出了冶铜技术从西亚经高加索、阿富汗或泰国向中国传播的三个途径（见4.7节）。然而，20世纪中期以来中国发现的众多公元前2000年之前的铜器及相应的冶金考古成果证明[66]，泰利柯特的观念并不正确，从而导致相关领域许多学者的认识大有转变，学术界也普遍接受了中国冶金术独立起源的认知[80]。

20世纪90年代以来国内外的学术界越来越多地关注到，在今天中国境外北方和西北方的北亚草原和中亚地区，即在苏联的南西伯利亚及哈萨克斯坦发掘到了一些公元前3千纪（公元前3000年至公元前2000年）的远古铜器[81]，且这些铜器的形制与中国随后诸如四坝文化区铜器的形制有类似之处[74]；加上在新疆多处又发掘出了公元前2千纪（公元前2000年至公元前1000年）早期的铜器[82-83]，由此确定了中国内地与相邻的北亚草原[81]存在早期的文化与人工冶铜技术交流。尽管在此之前中国内地就已经出现了许多早期铜器[66]，基于之前的“西来说”，仍很容易使一些人联想到人工冶铜技术从中亚地区和北亚草原向中国内地传播的可能。如果再做进一步的假设，中亚的冶铜技术还可以追溯到西亚[74,82]。自此出现了一种新的中国人工冶铜技术“西来说”，并又逐渐变成了人们的主流认知[1,82]。然而，新兴起的“西来说”也认识到，这仍是基于一些假设和推断的主观性理念，尚需做进一步的论证和确认[1]。目前看来，在支持“西来说”的种种证据方面尚存在明显的缺陷和不足，且在“西来说”的传播链条上也存在着关键性的障碍[84]。

如果来自西亚的人工冶铜技术曾传播到了中国，并对中国的人工冶铜技术发展产生过具有实际价值的意义和影响，则这种传播一定是发生在公元前20世纪之前[85]，因为自公元前20世纪以来中国的人工冶铜技术逐渐变得发达而繁荣（见3.8节）[86]。

4.9 冶铜技术“西来说”的主要障碍

如4.6节所述，中国古代的丝绸技术、造纸术的西向传播涉及丝绸和纸张产品（制品）以及生产制作技术两个方面的传播，前者（产品或制品）的传播相对简单，而后者（技术）的传播就比较困难，因此历史上地域文明的交流都是后者（技术）明显晚于前者（产品或制品）。人工冶铜产品和生产技术的传播也与之类似。古代的冶铜生产包含了“采矿、选矿、冶炼、制器（铸造、锻造）等技术环节的复杂过程，其间需要有严格的条件控制以使得一系列物理和化学变化过程得以实现”[75]。因此，公元前20世纪之前从西亚向中国传输人工冶铜技术，而不是简单地传输人工冶铜制品，会极其艰难。

也有研究认为，中国早期铜器与西方同时期铜器的化学成分相似是中国人工冶铜技术自西而来的有力证据[78]。一些研究也专注于比较不同地区早期铜器成分的相关性，以此来探索中国人工冶铜技术的传播路径[74,82]。如3.3节所述，基于公元前20世纪之前对科学技术认知水平的限制，早期的人工冶铜技术尚难人为地精确控制铜器的化学成分，所制造铜器的化学成分会更多地依赖于当地铜矿石的自然成分是否单一或含有何种多样化的元素。如果对比公元前20世纪之前相距遥远的两地铜器，发现它们的合金成分有相似之处，则或许两地所蕴藏铜矿石的化学成分相近，或在制作铜器时重熔了从商人那里购得的外来铜器[87]。在如此远古的时期，人类几乎不可能跨越当时东西方的气候屏障和地理阻隔把一地的铜矿石搬运到遥远的另一地去制作成分相似的铜器。当时的商人既不可能对铜器的化学成分有深入的认知，又无法大量携带和贩卖外来的铜矿石，因此不可能大规模地影响到南西伯利亚以及中国西北地区早期铜器化学成分的异同。由此可见，偏重以化学成分是否相近来判断人工冶铜技术是否经历了克服屏障和阻隔后的长距离传输未必可靠。

也有研究认为，中国某些铜器的形制与北亚草原的铜器相似[74]，甚至考虑对比中国早期铜器与西亚周边地区铜器的形制来思考人工冶铜技术传播路径。如上所述，物品的传播与系统性技术的传播是难易程度差别巨大的两类完全不同的事情。如果一个见过西亚外来铜器的形制或携带了一件外来铜器的商人于公元前20世纪之前穿过帕米尔高原或中亚北部地区，来到南西伯利亚东部或新疆，告知或展示给当地人他们所制铜器的式样，由当地人利用本土“采矿、选矿、冶炼、制器”技术制作出类似的铜器[75]，则这种铜器在形制上可能会具备某些外来的因素，但实际所使用的本质上仍是本地的人工冶铜技术，而不属于外来的技术。

如4.3节所述，当时南西伯利亚的北亚草原区、连带新疆广大地区和甘肃等中国西北地区，已长期同属于荤粥（或称鬼方、猃狁、匈奴）等民族文化圈和管辖范围。西北方向的气候屏障和地理阻隔导致了这个地理范围与西亚交流的难度明显高于与中国内地交流的难度，且该地区所流行的亚洲游牧民族萨满文化[81]也与西亚的文化没有显著关联。在这个包括了南西伯利亚东部草原、中国西北部和内地的广大地域之内，不论该地域早期的人工冶铜技术向哪个方向、以何种方式传播都是再正常不过的事。在迄今为止的铜器考古发掘中也没有发现，当时南西伯利亚东部所涉及草原地区的铜器与遥远的西亚文明地区有何紧密联系的确凿证据[31]。如果不能证实早期的这些人工冶铜制品和相应技术的传播曾经跨越了北方的气候屏障和西向的地理阻隔（见图 4.7），则南西伯利亚东部的这些考古发掘尚无法成为支撑“西来说”的有力证据。参照图 4.7 很难想象，北亚草原地区当时与西亚会有什么密切的关联？

如 3.1 节所述，公元前 4 千纪（公元前 4000 年至公元前 3000 年）在中国的多处已经出现了人工冶铜技术，且在公元前 3 千纪（公元前 3000 年至公元前 2000 年）人工冶铜技术逐渐蔓延。如 3.4 节所述，与西亚地区相比中国在早期人工冶铜所需的高温技术上具备明显的优势[88]；如 2.2 节所述，中国在铜矿分布和早期利用方面也优于至少不逊色于西亚地区[89]；如 2.3 节所述，中国各地在早期也积累了自然铜变形加工的知识和技能；如 3.8 节所述，中国经历了一个比西亚地区更加繁荣而发达的铜器时代，这种繁荣和发达也显示出了早期中国各地民众在发展人工冶铜技术方面的勤奋与努力。另一方面，今天中国地域所具有的优势高温技术、丰富而分布广泛的铜矿资源以及人的勤奋努力等都会明显提高此地域人们借助偶然机会发现人工冶铜技术的概率。如 3.5 节所述，中国在高温技术上的优势导致历史上会大量湮灭掉早期的人工冶铜制品，尤其是导致了大量废弃铜工具或小件铜器的即时消失[90]，因此今天考古只能发掘出数量非常有限的铜器文物，但这并不表示中国早期的铜器使用量就一定非常少；而考古出土的同时期中国用于祭祀的鼎等礼器则体大质重，远胜于出土的同时期西亚地域的由低温冶铜技术生产的小体量的铜器。由此综合来看，中国铜器时代的早期并没有需要从西亚引进人工冶铜技术的必要性和必然性。

西汉时期，控制了包括贝加尔湖等广大地区的匈奴族群一旦遇到气候灾害或生存困境就向南侵犯，未见有匈奴向北侵扰的记录，说明北方的寒冷气候[71]并不适合当时，尤其是早至公元前 20 世纪之前人类族群的稳定生存或穿越。高加索以北伏尔加河下游覆盖咸海以北的沙漠地带、土库曼斯坦以北的沙漠地带、中亚以西喜马拉雅山脉和帕米尔高原、印度河以南的印度大沙漠（见图 4.6）等在人类文明出现之前自然形成的或不断增强的地理阻隔，均使得人类难以在早于公元前 20 世纪的时期大规模穿越。尤其到了公元前 4 世纪强大的亚历山大军队都还难以跨越这一地理环境的阻隔[47]，早至公元前几千纪已经传播到伊朗和土库曼斯坦接壤地区的冶铜技术[65]必定更难以通过中亚地区继续向北亚草原传播

（参见并对比图 4. 8 中各件铜器）。

参照 4. 1 节和 4. 2 节所述，在早至公元前 20 世纪之前，北方寒冷地带构成的气候屏障[21]、多个沙漠地带形成的地质隔绝，以及喜马拉雅山脉、青藏高原、帕米尔高原等隆升而造成的地理阻隔是阻碍人工冶铜技术向中国传播的核心障碍。这些障碍虽然无法杜绝某些物品以数量有限的形式跨越传播，但会严重妨碍西亚人工冶铜技术以“采矿、选矿、冶炼、制器”等系统性技术的形式向南西伯利亚东部和中国内地的传播。目前的考古观察显示，公元前 20 世纪之前，欧洲或西亚北部的高加索与南西伯利亚东部之间的广大寒冷地区并未进入文明时代，即不存在有价值的人工冶铜技术，也难以成为人工冶铜技术“西来说”所描述的传播途径。

综合来看，西亚的人工冶铜技术最早出现并不是南西伯利亚东部和中国内地的人工冶铜技术源自西亚的充分条件。公元前 20 世纪之前人类长距离传输技术的能力尚很低下，即当时就能克服巨大的自然阻碍、作跨越东西方文明边界区域的长距离传输，把包括“采矿、选矿、冶炼、制器”在内的完整而系统性的人工冶铜技术传播到南西伯利亚东部或新疆的可能性并不高。忽视当时存在的人类迁移能力尚难大规模跨越的气候屏障和地理阻隔，且在没有证据确认与西亚地区有可靠联系的情况下，仅以相似文化范围内北亚草原地区与中华文明核心区不同地点的考古发掘及其人工冶铜技术相互交流的可能性为依据，对相关技术可能的传播途径、传播范围、传播内容做超出上述阻隔范围的判定，并不适合用来支撑“西来说”。就目前来看，北亚草原的人工冶铜技术也未能展现出一定早于中国的中原和河西走廊地区的现象[66]。若没有西亚的背景，“西来说”就失去了意义。由此可见，若要证实“西来说”还需要做进一步的努力，并获取实质性的发现和进展。在此之前，不宜向普通公众推广偏重于依靠主观推测而做出的“西来说”判断。

参 考 文 献

[1] 宋亦箫．中国与世界的早期接触：以彩陶、冶铜术和家培动植物为例［J］．吐鲁番学研究，2015（2）：19-32.

[2] 毛卫民，王开平．关于远古时期中国人工冶铜技术“西来说”［J］．金属世界，2023（6）：47-56.

[3] 朱日祥，赵盼，赵亮．新特提斯洋演化与动力过程［J］．中国科学：地球科学，2022，

52（1）：1-25.

[4] 马宗晋，张家声，汪一鹏．青藏高原三维变形运动学的时段划分和新构造分区［J］．地质学报，1998，72（3）：211-227.

[5] 潘保田，李吉均，朱俊杰，等．青藏高原：全球气候变化的驱动机与放大器—Ⅱ．青藏高原隆起的基本过程［J］．兰州大学学报，1995（4）：160-167.

[6] 葛肖虹，任收麦，刘永江，等．青藏高原末次快速隆升与“亚澳”陨击事件［J］．第四纪研究，2004，24（1）：67-73.

[7] 马润勇，彭建兵，袁志东，等．青藏高原隆升的黄土高原构造侵蚀效应［J］．地球科学与环境学报，2007，29（3）：289-293.

[8] 赵大咏，刘石年．从古大西洋扩张看青藏高原强烈隆升的时代成因［J］．四川地质学报，2022，42（3）：355-364.

[9] 李吉均，方小敏．青藏高原隆起与环境变化研究［J］．科学通报，1998，43（15）：1569-1574.

[10] Lu H，Wang X，Wang X，et al. Formation and evolution of Gobi Desert in central and eastern Asia［J］．Earth-Science Reviews，2019，194：251-263.

[11] 唐志红，王倩，何芳兰，等．沙芥属（十字花科）的起源、分类与进化研究进展［J］．西北植物学报，2014，34（8）：1714-1720.

[12] 王震．中亚［M］．北京：中国地图出版社，2020.

[13] 潘悦容．中国新第三纪中-小型猿类化石及其意义［J］．人类学学报，1998（4）：39-48.

[14] 邱占祥，邱铸鼎．中国晚第三纪地方哺乳动物群的排序及其分期［J］．地层学杂志，1990（4）：241-260.

[15] 吴新智．现代人起源之争将逐渐走向协调［J］．科技导报，2018，36（15）：1.

[16] 付巧妹．阿尔泰尼安德特人含有早期现代人类基因［J］．化石，2016（2）：76-77.

[17] 李锋，高星．东亚现代人来源的考古学思考：证据与解释［J］．人类学学报，2018，37（2）：176-191.

[18] 李有骞．人类最早进驻黑龙江流域的考古学观察［J］．哈尔滨学院学报，2011，32（12）：1-5.

[19] 沈华东，于革．13 万年以来温暖期气候模拟［J］．海洋地质与第四纪地质，2007（6）：119-124.

[20] 于革，张恩楼．全球大陆末次盛冰期气候和植被研究进展［J］．湖泊科学，1999（1）：1-10.

[21] 张威，刘锐，刘亮．东亚季风影响区末次冰期冰川作用的控制性因素［J］．地理科学进展，2015，34（7）：871-882.

[22] 毛卫民．文明的回荡——中西方文明特征差异的物质基础与演变概览［M］．北京：中国书籍出版社，2023：12，26-28，51-58，84-89，108-117，155-180.

[23] 李崇新．新疆佛教传播的历史背景与嬗变特征［J］．南京理工大学学报（社会科学版），2012，25（4）：117-122.

[24] 刘振伟，崔明德．先秦游牧、农耕文明互动与中华民族共同体形成［J］．中南民族大学学报（人文社会科学版），2021，41（11）：127-136.

[25] 张肇麟．夏商周起源考证［M］．北京：科学出版社，2018：Ⅰ-Ⅵ（内容简介）.

[26] 王明珂．游牧者的抉择：面对汉帝国的北亚游牧部族［M］．上海：上海人民出版社，2018：94-100.

[27] 李凭．黄帝历史形象的塑造［J］．中国社会科学，2012（3）：149-181.

[28] 林幹．匈奴通史［M］．北京：人民出版社，2022：1-6.

[29] 侯仁之．中国综合地图集［M］．北京：中国地图出版社，1990：176.

[30] Chernykn E N. Ancient metallurgy in the USSR, The Early Metal Age, translated by Sarah Wright［M］. London: Bart's; Bow Bells: Cambridge University Press, 1992: 1-53.

[31] 毛卫民，王开平．金属的使用与演变至今的人类古代文明［J］．金属世界，2023（5）：29-35.

[32] 毛卫民，王开平．繁荣的铜器时代与中华文明融合统一的特征［J］．金属世界，2021（6）：1-8.

[33] 杨东晨．论从荤粥至匈奴的迁徙和融合［J］．中南民族学院学报（哲学社会科学版），1992（6）：91-96.

[34] 张景明，马宏滨．俄罗斯境内漠北匈奴地发现的汉式宫殿主人考释［J］．北方民族大学学报，2021（5）：105-109.

[35] 金寿福．埃及考古两百年［J］．大众考古，2021（7）：19-27.

[36] 程永江．古埃及美术考古史略［J］．世界美术，1979（1）：72-78.

[37] 令狐若明．让时间“惧怕”的古埃及金字塔［J］．大众考古，2014（8）：77-81.

[38] 令狐若明．富丽堂皇的古埃及哈特谢普苏特祭庙［J］．大众考古，2015（12）：78-86.

[39] 拱玉书．西亚考古史（1842-1939）［M］．北京：文物出版社，2002：1-3，68-106.

[40] 拱玉书．日出东方——苏美尔文明探秘［M］．昆明：云南人民出版社，2001：1-16，222-224.

[41] 刘家和，王敦书．世界史古代史篇（上卷）［M］．北京：高等教育出版社，2011：62，188-190.

[42] 赵林．论希腊宗教的文化特点［J］．宗教学研究，1998（1）：96-101，113.

[43] 周启迪．世界上古史［M］．北京：北京师范大学出版集团，2016：181-182.

[44] 约翰·史蒂文森．欧洲史Ⅰ［M］．李幼萍，译．广州：南方日报出版社，2018：22-24.

[45] [意] 费列罗 J. 图说世界文明史埃及 [M]. 王聪，译. 济南：山东画报出版社，2020：15.

[46] [古希腊] 希罗多德，历史 [M]. 徐松岩，译注. 北京：中信出版社，2013：266-278.

[47] [英] 克里斯普 P. 探索：古希腊史 [M]. 2 版. 苏扬，张天，译. 北京：科学普及出版社，2012：84-85.

[48] 施安昌. 北齐粟特贵族墓石刻考—故宫博物院藏建筑型盛骨瓮初探 [J]. 故宫博物院院刊，1999 (2)：70-78.

[49] 中国地图出版社. 世界地形 [M]. 北京：中国地图出版社，2022.

[50] 毛卫民，王开平. 科学的观念与古代的人工冶铜 [J]. 金属世界，2023 (1)：44-49.

[51] 赵丰，锦程. 中国丝绸与丝绸之路 [M]. 合肥：黄山出版社，2016：1-13.

[52] 李建华. 纵横万里探丝源 [J]. 蚕桑通报，2016，47 (1)：58-60.

[53] 袁宣萍，赵丰. 中国丝绸文化史 [M]. 济南：山东美术出版社，2009：65，69.

[54] 李永斌. 中国丝绸最早何时传入古代希腊 [N]. 光明日报，2018-07-02 (14).

[55] 徐朗. "丝绸之路"概念的提出与拓展 [J]. 西域研究，2020 (1)：140-151.

[56] Margariti C，Protopapas S，Orphanou V. Recent analyses of the excavated textile find from Grave 35 HTR73，Kerameikos cemetery，Athen，Greece [J]. Journal of Archaeological Science，2011，38：533-537.

[57] 王铭，李岸锦，孙立，等. 棉花历史漫谈 [J]. 山东纺织经济，2017 (5)：42-43.

[58] 曹秋玲，屠恒贤，朱苏康. 关于我国古代棉与木棉名实问题的探讨 [J]. 农业考古，2007 (3)：20-22.

[59] 李麦产. 棉花传入与中国古代人口增长 [J]. 延安大学学报（社会科学版），2019 (4)：109-115.

[60] 毛卫民. 材料与文明 [M]. 北京：高等教育出版社，2018：190-193.

[61] 潘吉星. 中国造纸史 [M]. 上海：上海人民出版社，2009：112-119，449-519.

[62] 赵承泽. 中国科学技术史　纺织卷 [M]. 北京：科学出版社，2002：122-292.

[63] 吴琼. 秦汉蚕桑丝织技术和早期丝绸之路 [J]. 科学技术哲学研究，2015，32 (1)：75-81.

[64] 杨共乐. 谁是第一批来华经商的西方人 [J]. 世界历史，1993 (4)：117-118.

[65] Tylecote R F. A History of Metallurgy [D]. London：The Institute of Materials，1976：1-12.

[66] 毛卫民，李一鸣，王开平. 中国及周边地区早期的铜器 [J]. 金属世界，2024 (1)：23-29.

[67] 丹尼 A H，马松 V M. 中亚文明史　第一卷，文明的曙光：远古时代至公元前 700 年 [M]. 芮传明，译. 北京：中国对外翻译出版公司，2000：134-176.

[68] 陈晓露. 中亚早期城址形制演变初论——从青铜时代到阿契美尼德王朝时期 [J]. 西域

研究，2019（3）：113-131.

［69］黄建华．中亚地区经济文化中心中亚地区第一大城市中亚地区唯一有地铁的城市乌兹别克斯坦首都塔什干宛若浮在绿海上的花园［J］．中国地名，2013（8）：78-80.

［70］侯光良，许长军，兰措卓玛，等．末次冰盛期中国人类活动的响应与适应［J］．热带地理，2018，38（6）：819-827.

［71］贾福福，沙龙滨，李冬玲，等．西伯利亚极地海域第四纪以来古海洋环境研究进展［J］．极地研究，2020，32（2）：250-263.

［72］李伟，何淑嫱，张更新．欧亚草原的生态作用、环境危机及合作保护［J］．世界林业研究，2020，33（3）：95-100.

［73］胡果文．碰撞与迁徙：公元前9至7世纪欧亚草原上的历史场景［J］．华东师范大学学报（哲学社会科学版），2000，32（5）：61-66，100.

［74］梅建军，刘国瑞，常喜恩．新疆东部地区出土早期铜器的初步分析和研究［J］．西域研究，2002（2）：1-10.

［75］陈坤龙，梅建军，王璐．中国早期冶金的本土化与区域互动［J］．考古与文物，2019（3）：114-121.

［76］毛卫民．文明与物质——从材料学视角探索中西方文明差异［M］．北京：中国社会科学出版社，2018：89-102.

［77］张华贞．傅斯年与中国近代考古学［J］．文物鉴定与鉴赏，2019（21）：164-165.

［78］戴向明．考古学视野下的中华文明起源与早期发展［J］．历史研究，2022（1）：4-13.

［79］王炜林，杨利平．陕西彩陶的发现及其文化意义［J］．文物世界，2021（2）：41-68.

［80］华觉明．论中国冶金术的起源［J］．自然科学史研究，1991，10（4）：364-365.

［81］王鹏．论南西伯利亚及周边地区青铜时代早期的“月形器”［J］．考古，2022（3）：69-82.

［82］李水城．西北与中原早期冶铜业的区域特征及交互作用［J］．考古学报，2005（3）：239-278.

［83］谭宇辰，李延祥，丛德新，等．新疆温泉县阿敦乔鲁遗址出土早期铜器的初步科学分析［J］．西域研究，2021（3）：54-61.

［84］毛卫民，王开平．中国人工冶铜“西来说”的形成及其主要困扰［J］．金属世界，2024（5）：25-33.

［85］苏荣誉．关于中原早期铜器生产的几个问题：从石峁发现谈起［J］．中原文物，2019（1）：26-31.

［86］毛卫民，王开平．铁器时代演变与工业革命［J］．金属世界，2019（2）：17-20，23.

［87］Liu R，Pollard A M，Cao Q，et al. Social hierarchy and the choice of metal recycling at Anyang，the last capital of bronze age Shang China［J］．Scientific Reports，2020，10：

18794.

[88] 毛卫民，李一鸣，王开平．中国古代的高温技术与发明人工冶铜［J］．金属世界，2024（2）：42-46.

[89] 毛卫民，李一鸣，王开平．中国的铜矿资源与发展人工冶铜的机会［J］．金属世界，2024（3）：12-19.

[90] 毛卫民，李一鸣，王开平．中国古代发达的高温冶铜与古铜器的湮灭［J］．金属世界，2024（4）：44-48.

5　中国铜器时代早期温饱有余的社会生活

人类的文明时代往往是在广泛使用铜器的推动下，社会生产力和经济能力达到温饱有余水平后所开启的一个呈现出各种新型社会特征的时代，经济能力达到温饱有余水平也是导致文明社会一切特征的源泉[1]。如 1.3 节所述，约公元前 3500 年至公元前 3200 年在西亚两河流域出现了最早的苏美尔文明，在所出土的约 5000 块公元前 3200 年至公元前 2900 年苏美尔文明时期最早用楔形文字书写的泥板中，85% 的泥板文字都是对当时社会经济事物的描述[2]，证明初步进入文明时代的人类所关注的核心问题是社会经济的运转和生活的富裕程度，即经济水平是人类进入文明时代的关键性基础条件。约公元前 3000 年的楔形文字中也存在表述各种铜工具和铜容器的系统性文字描述[3]，证实了普遍使用铜器对发展经济和人类进入文明时代所发挥的重要作用。由此可见，需要特别关注铜器与社会生产力之间的内在联系。

5.1　铜器时代率先普及的铜工具

如 1.2 节所述，比石器更具备明显性能优势的铜工具[4]，会对提升社会生产力和促进人类进入文明时代发挥巨大的作用。

约公元前 3200 年至公元前 3100 年在北非尼罗河流域萌生了古埃及文明之后，其早期第一王朝的国王是哲尔（公元前 3049 年至公元前 3008 年在位），在他的坟墓里曾出土了数百件刀子、扁斧、针等只有底层劳动者才会大量使用的小件铜工具[5]，但未见铜质礼器。在地位高至国王的顶级贵族墓葬中出现了众多借助低温人工冶铜技术即可制造出的小型铜工具，这一方面显示铜工具在当时社会中维持经济水平和温饱生活的重要作用，另一方面也说明当时社会的人工冶铜技术还没有发展到以高温技术制作铜器且其经济能力也尚不具备享用大型非生产性铜质礼器的奢侈水平。近 2000 年以后，古埃及新王朝时期的经济水平以及国王的社会地位都大幅提高，不会再有与铜工具为伍的现象[6]。如3.8节所述，公元前1255年著名古埃及法老拉美西斯二世的王后奈菲尔塔利去世，其墓葬中的大量随葬品已经变得非常奢侈，包括许多木乃伊、碑刻，以及精美的字画等，但其中鲜有铜器出现。可见当时古埃及的冶铜水平仍不能提供足以满足王室体面的铜器，因此可呈现奢华特性的铜质礼器尚无法出现并成为当时社会最高统治阶层成员日常生活中频繁接触并喜爱进而得以进入墓葬的物品[7]。

图5.1和图5.2列举了环地中海地区出土的、公元前3千纪（公元前3000年至公元前2000年）铜器时代早期的一些铜工具，涉及今天的希腊和土耳其等地。这些小件铜器大多经由低温炼铜技术即可制作出来，当时人工冶铜的高温技术水平有限并不影响多数铜工具的制作。可以看出，当时的这些铜工具均属于日常生产和生活中经常会接触到的铜器[8]。

如3.5节所述，中国早期的高温技术会导致当时废旧铜器，尤其是铜工具的大量湮灭，以致今天无法对当时中国社会铜工具的真实使用情况获得完整的统计性观察。现有对中国铜器时代的考古发掘显示[9]，尽管漫长的历史尤其会吞噬掉大量的早期铜工具，但在全国各地仍发掘出了秦帝国建立之前的7400多件铜工具，说明铜工具在早期中国社会经济发展中确实发挥着重要作用。逐一核对后，表5.1给出了20世纪50年代至80年代在中国甘肃、河北、陕西、山东、安徽、内蒙古、青海各地所发掘到约公元前2000年或更早时期的许多早期铜工具，包括铜锥、铜刀、铜铲、铜斧、铜钻、铜针、铜镰等，共计47件[9]。如3.1节和3.2

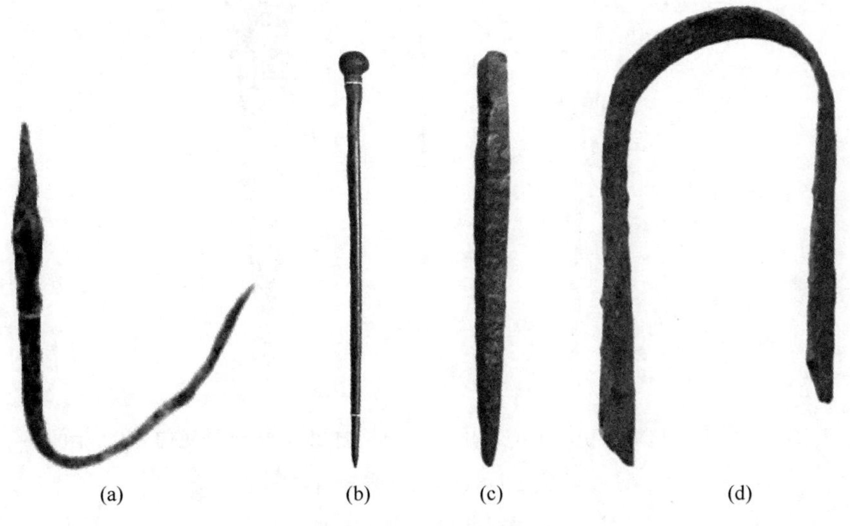

(a) (b) (c) (d)

图 5.1　希腊地区出土的公元前 3 千纪（公元前 3000 年至公元前 2000 年）的小型铜工具（希腊国家考古博物馆）

a—雅典（Attica）青铜鱼钩；b—克里特（Crete）圆头青铜钉；c—克里特（Crete）青铜凿；d—雅典（Attica）青铜捏钳；e—利姆诺斯岛（Lemnos）铜铲；f—利姆诺斯岛（Lemnos）铜锛；g—利姆诺斯岛（Lemnos）铜斧

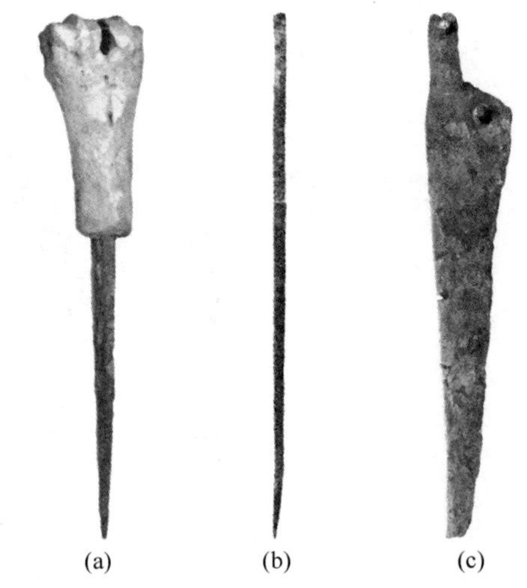

图 5.2　土耳其特洛伊（Troy）出土的公元前 2500 年至公元前 2300 年的小型青铜工具（希腊国家考古博物馆）

a—骨柄锥；b—针；c—短刀

节所述，公元前3000年以前中国多地已经开始出现人工冶铜技术和铜器的使用，在公元前3千纪期间（公元前3000年至公元前2000年）中国各地人工冶铜技术与铜器的使用，尤其是铜工具的使用呈现出逐渐普及的趋势[10]。因此，正是铜工具的普遍使用促进了中华文明的萌生。在甘肃河西走廊地区发掘出公元前2000年前后的大量青铜中主要也是一些锥、刀、斧、针、钻头、凿等借助铸造或热锻制作的红铜工具或青铜工具。

表5.1 中国北方发掘到的公元前2000年及以前的早期47件铜工具[9]

发掘地点	铚	镰	铲	钁	斧	刀	凿	钻	锥	针	文化	年代/公元前
陕西渭南北刘遗址									1		仰韶庙底沟	约3000年
甘肃东乡林家遗址						1					马家窑	约2800年
甘肃永登蒋家坪遗址						1					马厂	约2000年
甘肃武威皇娘娘台遗址						6	1	2	15		齐家	约2000年
甘肃永靖县秦魏家					1				1			
甘肃广河齐家坪				1								
甘肃广河		1										
莲花/魏家子台	1											
甘肃岷县杏林齐家遗址					1	1						
青海互助县总寨墓葬						4			2			
河北唐山市大城山遗址			2								龙山	约2000年
山东栖霞县杨家圈遗址									1		杨家圈二期	约2000年
安徽含山大城墩遗址						1					夏代早期	约2000年
内蒙古伊金霍洛旗朱开沟									2	1	龙山/夏代	约2000年
合计	1	1	2	1	2	14	1	2	22	1		

图5.3～图5.6显示了考古发掘到的中国夏商时期多种铜工具的实例，许多工具的形制与之前的磨光石器非常相似，但也出现了一些不同的或只有用金属制作才能实现的工具。如1.3节所述，进入文明时代之前的野蛮时代，人类社会努力的目标是追求温饱的生活。获得足够食物来源的生产方式是由原来的采集食物、猎取食物逐渐向农耕、畜牧或放牧的生产方式转化，在农耕地区，农业则成

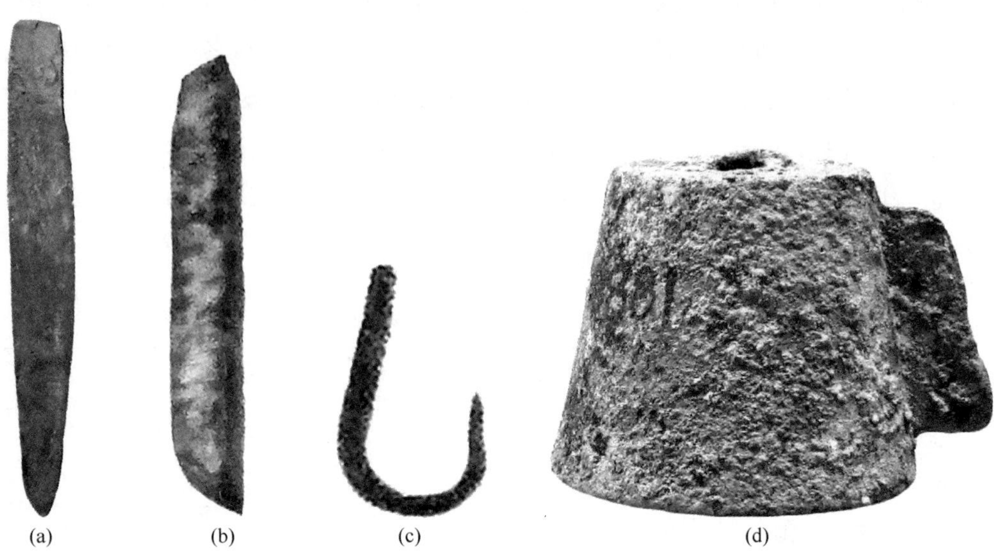

图 5. 3　河南偃师二里头出土的夏代青铜工具（洛阳博物馆，朱宏喜供图）

a—刀；b—凿；c—鱼钩；d—铃

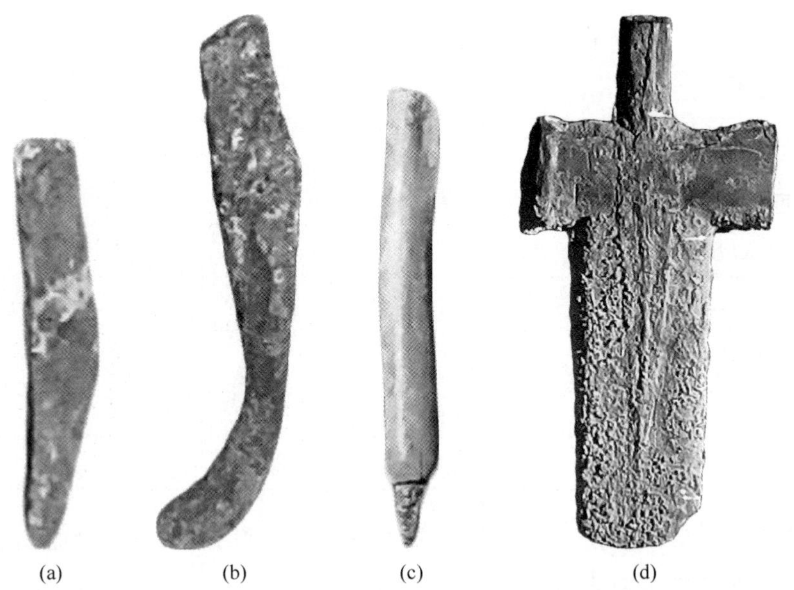

图 5. 4　甘肃出土的夏代中晚期四坝文化铜工具

（公元前 1900 年至公元前 1400 年，甘肃省博物馆）

a—民乐东灰山铜刀；b—民乐东灰山铜弯刀；c—玉门火烧沟骨柄铜锥；d—民乐铜钺

图 5.5 湖北武汉盘龙城李家嘴 2 号墓出土的商代早期铜工具（湖北省博物馆）

a—锄；b—勾刀；c—锸；d—斧；e—锛；f—锯

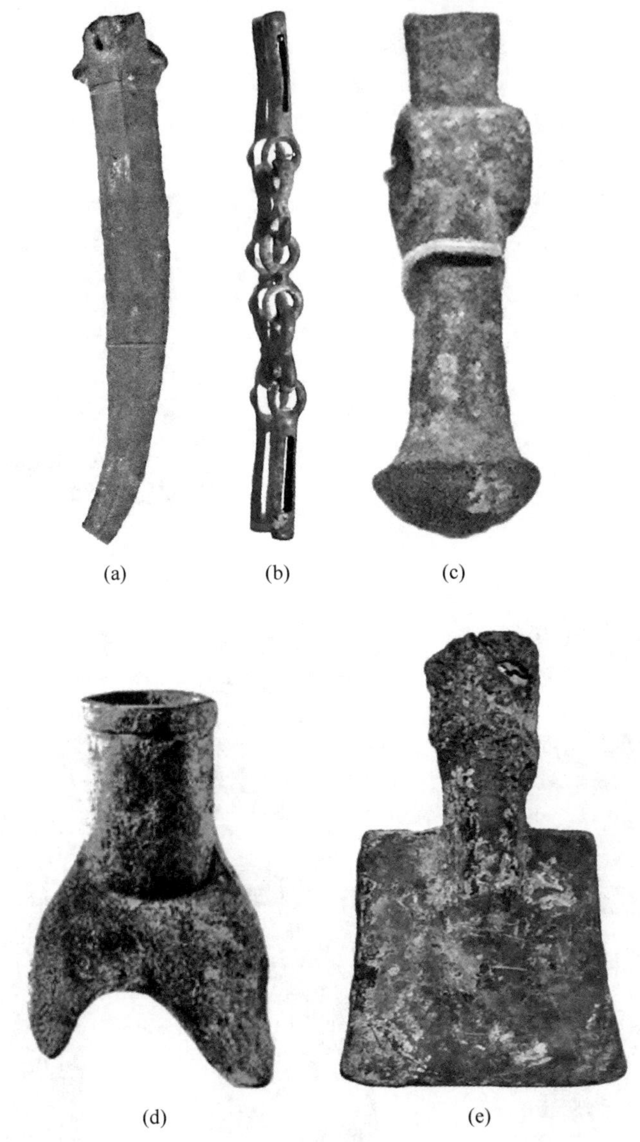

图 5.6　中国各地出土的商代铜工具

a—陕西城固县铜镰（陕西历史博物馆）；b—山东济南铜马衔（山东博物馆）；
c—山东济南铜锤（山东博物馆）；d—江西新干县铜耒[11]；
e—河北藁城铜铲（河北博物院）

为主要的经济命脉。农业生产还需要人类从原来四处游荡的生活方式改为定居生活。在野蛮时代人们使用石质的磨光农具和工具实施农耕劳动和建设房屋，用陶质纺轮捻线织布或获取动物皮毛作为制衣面料，利用骨质的针和动植物纤维制衣遮体[8]。这些追求温饱的工具虽然已明显优于旧石器工具，但仍显笨拙、低效。

图 5.1 ~ 图 5.6 展示了铜器时代早期人类社会铜工具中的锄、勾刀、锸（chā，远古挖土的工具，形状像锹）、耒（lěi，指古代农具，形状像木叉）、铲、镢等属于农耕用具，鱼钩、马衔属于渔猎工具，锛、凿、斧、锯、锤、锥、钉、刀、匕、捏钳等属于建房工具，针属于缝纫工具，铃则是多方面的日常用具。综合来看，这些比石质工具明显优越的铜工具刚好满足了人类社会在野蛮时代追求温饱生活时的需求。同时也可以看到，追求温饱显然是当时的主要经济行为，也是人类的基本需求。因此，出现了人工冶铜技术并即将进入铜器时代的早期，人类一定首先会大量制作铜工具，以提高生产力，不论我们的考古发掘最终能够确认出多少残留至今的铜工具文物，或有多少铜工具已经在历史中湮灭掉。

5.2 文明时代特有的铜器——兵器与礼器

在新石器时代晚期，即野蛮时代晚期，人类已具备在自然界中维持生存的基本能力，且生产能力逐渐接近维持族群温饱生存的水平，但以农耕、狩猎等方式支撑的社会生产力尚未能明显超出保持温饱的水平。在这种情况下，各部落很难有明显的财富或生活资料的积累。有鉴于此，相邻而居的各部族之间很少会发生大规模的或持续性的争斗，因为这种争斗并不能提高自身追求温饱的生存能力，反而会互相伤害。当然，为了争夺生存资源，部落之间难免存在有限规模、短暂的争斗行为，争斗所使用的器械无非是农具或狩猎工具。遭遇强悍相邻部族侵害时最佳的生存方式是回避、迁徙；强势的一方通常也没有必要去追杀、灭族，因为追杀逃逸的部落既无法获得进一步的财富，还会伤害到自身，并无额外利益可图。因此，当时在人类内部的族群之间并不存在真正意义上的战争。但是，人工冶铜技术及更具性能优势的铜器出现后情况就逐渐发生了根本性变化[4]。首先，冶铜技术的出现及铜器的广泛使用必然会极大地推动社会生产效率的提高，使得人类族群所创造的社会财富除了满足自身生存外还有显著的剩余和积累，即生产能力已经达到了文明时代所必需的温饱有余水平。这就为一部分人为获取他人所积累的财富、追求更富足甚至奢华的生活提供了必要的前提；同时，温饱有余的生产力使得劳动者除了保障自身的温饱之外还有多余的劳动能力，即劳动者呈现出了被盘剥其多余劳动能力的奴役价值。自此，通过暴力性的征服战争以掠夺他人财富、奴役其他族群成为有利可图的事情。由此专门用于战争的兵器，即铜兵器应运而生，且成为文明时代一种特有的铜器。由此可见，战争是人类社会生产力达到温饱有余水平而进入文明时代后的固有特性。

在新石器时代，人类手中的石质武器主要用于狩猎。绝大多数被猎捕的对象与人类对抗的唯一手段是尽快逃逸。在人类手执石质武器集体聚集围捕的情况下，即使有些猛兽存在一定对抗和杀伤的能力，但最终结果往往是被扑杀或侥幸逃之夭夭。根据狩猎的需求，狩猎工具的制作会着重其进攻性和杀伤能力，以尽力阻止被猎捕对象的逃逸。因此，狩猎工具往往做得锋锐且比较粗重，以期一旦击中即可成功，而狩猎工具对猎人自身的防卫功能并未得到特别的重视，传统的石质工具刚好能满足上述狩猎要求。而专门用于战争的兵器则与以往兼作争斗器械的农具和狩猎工具不同，因为战争中的拼杀则是人与人之间的博弈，博弈对象取得成功的首要方式是拼杀获胜，而不是逃逸。双方拼杀的直接目的都是尽快杀伤对方。面对体力、智力相近的拼杀对手，任何参加战斗的士兵不仅要设法杀伤对方，还要尽力保护自己[17]。见 1.2 节，铜具备精巧、轻便、耐久、不易损坏等种种优点且可制作得比石器锋锐无比，若把狩猎工具改造成适合于战争的兵器，则在当时特别适合于用铜制作。

图 5.7 和图 5.8 给出了铜器时代早期世界各地铜兵器的一些例证，涉及矛、剑、戈、镞等[8]。对比可见，世界各地人类族群相互争斗时所使用的铜兵器并未呈现出本质上的差别，表明人与人之间的争斗形态非常相似。这些铜兵器也表现出了精巧、轻便、耐久、极具杀伤力等兵器应有的特征。

铜兵器的出现改变了族群间发生争斗的目的，进攻的一方从以驱赶为目标的争斗转变成了以征服、掠夺和奴役为目标的战争，防卫的一方则需要尽力抗拒以防止被征服、被掠夺和被奴役。铜兵器也彻底改变了族群之间的争斗形态，其高杀伤性一方面明显提升了对抗的惨烈程度，另一方面也会加速无铜兵器或铜兵器弱势一方的落败。由此可见，族群间的战争不仅是族群体量和经济实力的对抗，也是双方人工冶铜技术的竞争。

与农具和建房工具类似，多数铜兵器也属于小件铜器，在失效废弃后也容易被重熔湮灭，甚至在战争结束后因大批量的重熔而消失[12-13]。但越来越巨大的战争规模需制作大量的兵器，而军事贵族或有地位的军事头领会把生前珍爱的兵器带入墓葬，使之避免被重熔。战国时期一个较小诸侯国国君曾侯乙的墓中就随葬

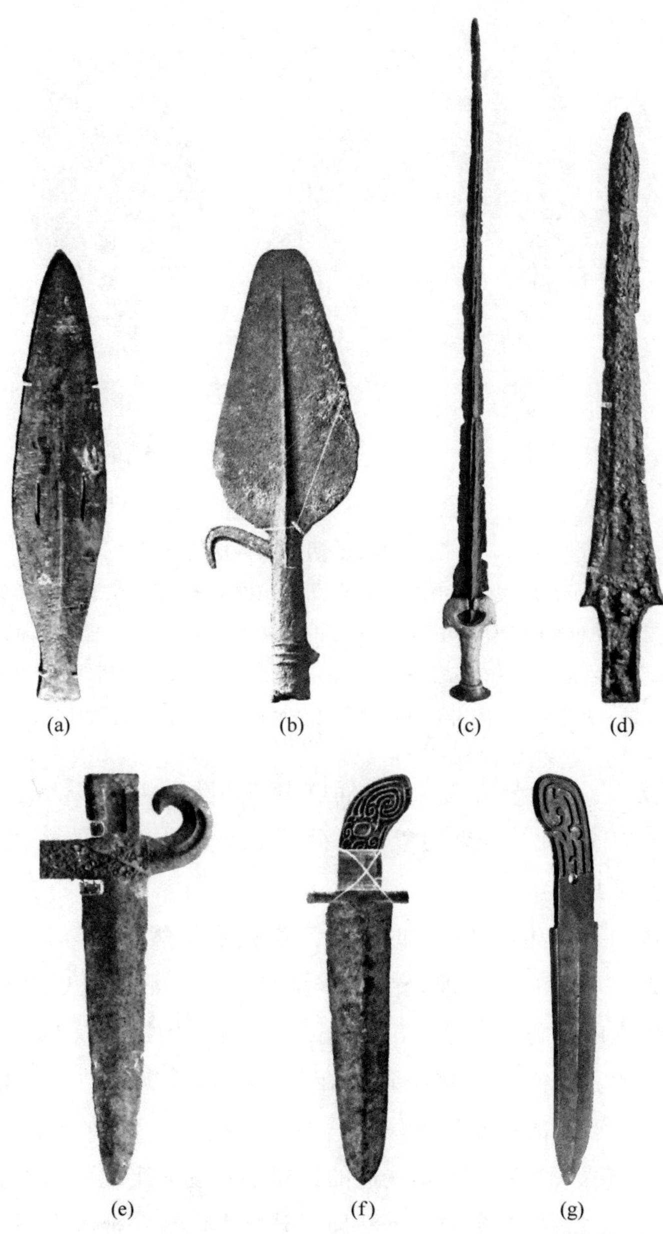

图 5.7 铜器时代早期各地的矛、剑、戈等铜兵器

a—公元前 2800 年至公元前 2300 年希腊阿莫尔戈斯岛铜矛（希腊国家考古博物馆）；b—约公元前 2000 年青海西宁市沈那铜矛（青海省博物馆）；c—公元前 17 世纪至公元前 16 世纪希腊迈锡尼铜剑（希腊国家考古博物馆）；d—约公元前 16 世纪希腊迈锡尼铜剑（希腊国家考古博物馆）；e—约公元前 1500 年辽宁锦州铜戈（辽宁省博物馆）；f—约公元前 1500 年湖北武汉盘龙城铜戈（湖北省博物馆）；g—夏代偃师二里头青铜戈（朱宏喜供图，偃师博物馆）

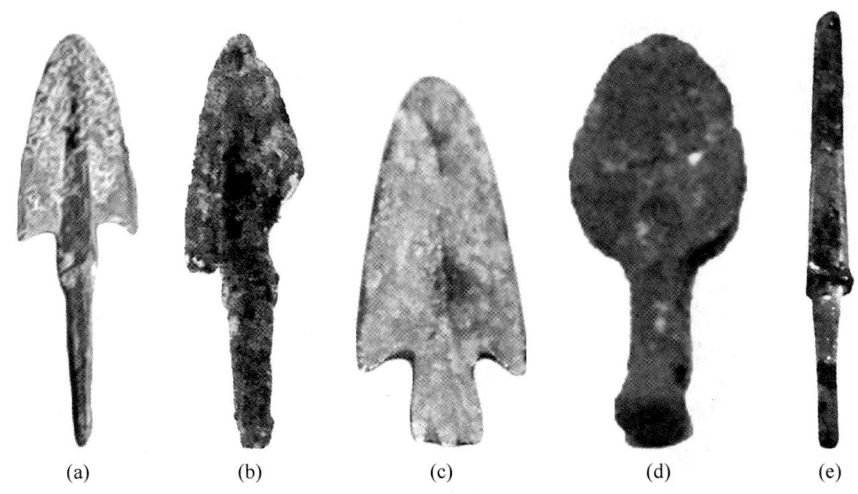

(a)　(b)　(c)　(d)　(e)

图 5.8　铜器时代早期中国各地的铜镞

a—公元前 21 世纪至公元前 17 世纪河南洛阳二里头出土（朱宏喜供图，二里头博物馆）；b—公元前 21 世纪至公元前 17 世纪山西夏县东下冯出土（山西博物院）；c—约公元前 2000 年青海乐都县柳湾出土（青海省博物馆）；d—公元前 20 世纪至公元前 15 世纪辽宁北票出土（辽宁省博物馆）；e—约公元前 1500 年以前湖北武汉盘龙城出土（湖北省博物馆）

了 4777 件铜兵器[14]，而秦始皇的兵马俑坑中则随葬了 4 万多件铜兵器（秦始皇兵马俑博物馆）[8]。由此为今天的考古发掘留下了大量的珍贵铜兵器文物，明显有别于普通的铜工具。

在野蛮时代初期，甚至更早的时期，人类族群虽然尚在努力克服食不果腹、衣不蔽体、居无定所的状态，但仍会在繁忙的日常生活中呈现出有限的闲暇时段。转变成现代人的智力水平已非常高，因而会在温饱需求以外产生适当的精神需求。例如，世界各地考古挖掘发现了在野蛮时代曾出现的一些装饰品、祭祀品、纪念品等非生产性的石器（如图 5.9 所示实例），这就体现出了当时人类有限的精神追求。随着人类社会借助先进的铜器技术逐渐实现了温饱的生活，且生产力在能保障温饱之后的有余水平不断地提升，人们对精神方面的需求会迅速增长。温饱之余，借助不断改进的人工冶铜技术，人们对精神需求追求的能力和形式越来越强烈和丰富，进而制作出了大量的铜质礼器。

图 5.10 展示了约公元前 21 世纪至公元前 17 世纪中国夏代二里头遗址的三件礼器，其中的爵为乳钉纹青铜爵（见图 5.10a），是一件早期的青铜礼器，通高 26.3 厘米，宽 31.5 厘米，被誉为“华夏第一王爵”，体现了对贵族“赏有德、

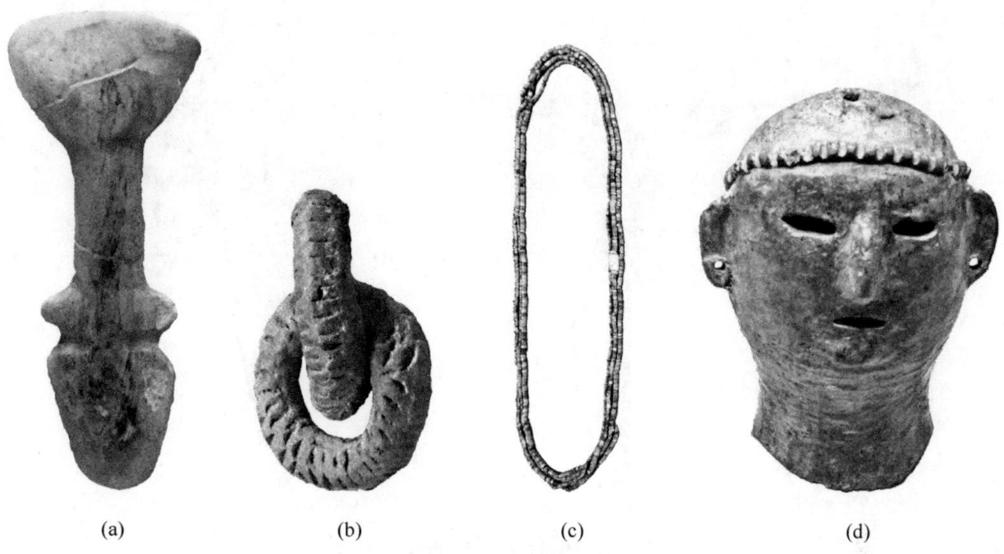

(a)　(b)　(c)　(d)

图 5.9　铜器时代之前世界各地的非生产性石器举例

a—公元前 65 世纪至公元前 33 世纪希腊赛斯克罗大理石长颈人偶（希腊国家考古博物馆）；
b—公元前 50 世纪至公元前 31 世纪陕西西安姜寨双联陶环（陕西历史博物馆）；
c—公元前 40 世纪至公元前 38 世纪阿尔及利亚马特马尔墓彩石贝壳链（美国纽约大都会博物馆）；
d—公元前 35 世纪至公元前 31 世纪甘肃仰韶文化陶俑首（甘肃省博物馆）

封有功”的身份等级象征。另外，作为礼器还有通高约 35 厘米的青铜斝（见图 5.10b）和兽面铜牌（见图 5.10c）。

除了图 3.10 和图 3.13 中所展示最常见的青铜礼器——鼎以外，在中国远古社会还出现了用于仪仗、祭祀、庆典、装饰、显示荣誉和权力地位、纪念重大事件或人物等多方面名目繁多的铜质礼器。爵本是一种饮酒器，而斝（jia，古代酒器，青铜制，圆口或方口，无流，三足，用以温酒）则是一种盛酒器，后来逐渐成了社会上层贵族等级或表彰其功德的象征。

图 5.11 则以湖北武汉盘龙城李家嘴墓出土的铜器为例，展示了商代早期的一些其他类型的铜质礼器。

在人类社会从野蛮时代转向文明时代的过程中，首要的是努力把生产力提高到温饱有余的水平，因此进入铜器时代时，大量制作出来的铜工具必然会发挥出提高生产力的核心作用。生产力水平明显超过温饱有余水平之后的人类族群，才可能一方面具备了被掠夺和奴役的价值，进而产生出对铜兵器的需求，以对外实施或防范外来的掠夺和奴役；另一方面也才会明显增长出足够能力去满足精神层

图 5. 10　河南洛阳偃师二里头夏代青铜礼器（朱宏喜供图，偃师博物馆）

a—爵；b—斝；c—兽面铜牌

面更高的需求，以致会制作出大量的铜质礼器。由此可见，进入铜器时代的人类社会一定是先大量制作铜工具，随之在实现温饱有余的经济能力之后才会出现大量铜兵器和铜质礼器的制作。目前所面对的现实是，大多数铜工具更多地湮灭于历史的长河中，而部分铜兵器和铜质礼器因其特殊价值而更多地进入墓葬而得以保留至今。中国出土铜兵器和铜质礼器的数量远多于铜工具只是当时社会人们使用铜制品的一种假象，与铜工具在历史上真实的相对数量并不相符。由于铜器时

(a)　(b)　(c)　(d)

扫一扫看彩图

图 5.11　湖北武汉盘龙城李家嘴墓出土的商代早期铜质礼器（湖北省博物馆）

a—簋；b—卣（读作"有"，是先秦时期酒器，口椭圆形，足为圈形，有盖和提梁）；c—尊；d—钺

代早期在高温加热技术上的显著局限（见 2.4 节），环地中海地区不得不广泛使用低温冶铜技术，并不具备大量重熔废旧铜器的能力，因此该地区早期的铜工具得以较多地保留下来，成为西方文明的考古文物。

5.3　令人困惑的铜石并用时代

1836 年丹麦国家博物馆学者汤姆森提出了人类曾经历过石器时代、铜器时代、铁器时代的人类社会发展的"三个时代"说[15]，美国人类学家摩尔根把人类社会的发展划分为蒙昧时代、野蛮时代和文明时代三个阶段。从两种划分人类社会发展时代的对应关系看，石器时代所对应的是蒙昧时代和野蛮时代。铜器时代的出现引发了人类进入文明时代的进程，而铁器时代则对应着文明时代的后续阶段[1]。然而，翻阅考古文献和历史文献可以发现，在关于铜器时代的概念里还会涉及红铜时代、青铜时代，乃至铜石并用时代等不同的观念[7]。谈及铜石并用时代，通常人们会直观地想到，新石器时代末期、铜器时代初期的交接过程必然存在一个石器使用量逐渐减少、铜器使用量逐渐增多的时段，并把该有限的过渡时段理解为铜石并用时代。但值得思考的是，在旧石器时代向新石器时代过渡时一定存在一个旧石器使用量逐渐减少、新石器使用量逐渐增多的时段，在铜器时代向铁器时代过渡时同样也存在一个铜器使用量逐渐减少、铁器使用量逐渐增多的时段。可是在考古文献和历史文献中为什么没有新旧石器并用时代和铁铜并用时代呢？由此可见，铜石并用时代并不能仅仅理解成铜器逐渐取代石器过程中某一特定的年代那么简单。

在铜器时代早期的某一阶段，由于所获得的自然铜矿资源[16]、人工冶铜高温技术能力[17]，以及冶铜能力发展方面[18]的种种差异，可能一些地域所制作和使用的主要是红铜器，因而该地域的这个时段被称为红铜时代；而另一些地区所制作和使用的主要是青铜器，由此该地域的这个时段则被称为青铜时代。不论是红铜时代、青铜时代，还是其他涉及铜的时代都可以统一地归属到铜器时代这个大的时间概念之内。

世界各地出现红铜器和青铜器的先后顺序以及时间长短会有所不同，与各地本土的铜矿资源的自然条件和技术状态密切相关。公元前 2000 年之前，世界各地的人类社会并未掌握精细控制铜器化学成分的知识和技术能力[10]。见 2. 2 节，各地人类可能获得的铜矿石涉及两大类，一类是诸如蓝铜矿、黑铜矿、赤铜矿、绿铜矿、孔雀石等氧化类低温铜矿石，可用于借助低温冶铜技术制作红铜器；另一类则是诸如辉铜矿、铜蓝等硫化类高温铜矿石，也可以被用来借助高温冶铜技术制作红铜器[19]，当然前后两者的质地或有差异。在铜器时代早期许多地方曾首先制作出来了红铜器（见图 5. 1d、e、f），外观色泽与用自然铜制作的铜器相近。当所使用铜矿石的金属元素含量比较复杂，也含多种其他元素时，所冶炼出来的则会是合金铜器，许多情况下制作出来的往往是青铜器[20]。

史前的北美人曾使用过自然铜制作的红铜器，1861 年 W. 王尔德又观察到，爱尔兰人工冶铜制作的红铜器出现于青铜工具之前，由此引发了在新石器时代与铜器时代之间还存在一个红铜时代的想法[21]。早至公元前 9 千纪（公元前 9000 年至公元前 8000 年期间）的西亚地区就开始出现由自然铜经过捶打而制成的红铜制品，在伊朗地区先后发现了公元前 7 千纪（公元前 7000 年至公元前 6000 年）

和公元前 5 千纪（公元前 5000 年至公元前 4000 年）自然铜制品[17]。这些制品的化学成分以铜为主，虽然也含有各种杂质，但杂质分布不均匀，总量也很少，并不构成铜器的主要化学成分，因此基本属于纯铜制品。有鉴于此，1877 年意大利学者 G. 基那里克提出，在石器时代和青铜时代之间应增加铜石并用时代为过渡期，这一过渡期的观点逐渐也被其他学者接受，但这个铜石并用时代实际上指的就是红铜时代。当时认为，红铜不宜用来制作大容器、锋利的武器及工具，且在当时社会发挥的作用并不大[22]。红铜时代这个术语于 1880 年被国际人类学和史前考古学大会所采用，随后在欧洲得到了广泛认可[21]。之所以称为红铜时代，是因为北美和西亚早期的自然铜制品以及欧洲早期的人工冶铜制品大多是红铜制品（见图 5.1）。另一方面，红铜时代的红铜器在数量和性能上都不足以成为提高社会生产力的主要支撑，人们在认识到铜工具的优势并开始使用红铜工具的同时还不得不大量使用传统的石器工具。随后，红铜时代又逐渐更多地被称为铜石并用时代，用铜石并用时代这一称呼可以标识出欧洲内陆、北非、西亚、东南欧等环地中海地区当时铜器与石器一起使用的时代特征，而红铜时代则表示所使用的铜器以红铜为主、尚未出现青铜器的时代特征[21-22]。

“红铜时代”涉及自然铜和人工冶铜两种来源的红铜器，又与“铜石并用时代”交替或并列使用，两种称呼从不同角度反映了当时的时代特征，而这两个时代特征在全世界各地的历史上又未必总是同时出现。如此种种给后来者完整理解铜石并用时代的概念，以及在不同场合正确地使用造成了很大困扰。通常认为，在最早出现人工冶铜技术的西亚地区，其铜石并用时代为公元前 4000 年至公元前 3500 年[2]；也就是说，西亚的人类族群在公元前 5 千纪（公元前 5000 年至公元前 4000 年）早期或更早的时期发明了人工冶铜技术一段时间之后才开始进入铜石并用时代。因此在一些研究中，铜石并用时代并不一定要涉及更早期由自然铜制成的红铜器，甚至也不涉及早期人工冶铜技术出现后的一段时期。如此，进一步扰乱了铜石并用时代的概念。

自然铜是自然界中的铜矿石在还原性气氛和环境中转变成的金属铜[20]。约公元前 5 千纪（公元前 5000 年至公元前 4000 年）前后，当人们开始人为地制作铜器时，往往首先采用的是低温人工冶铜技术，尤其在环地中海地区，囿于当时有限的高温技术，更适合选择低温人工冶铜的技术路线[20]。自然铜形成过程和低温人工冶铜过程都是在铜矿石始终保持固体状态下转变而成的金属铜，由此而来的自然铜或人工冶炼铜的化学成分主要取决于铜矿石的成分，人类无法作大幅度的干预。早期北美及环地中海地区的自然铜或人工冶炼铜之所以往往表现为红铜，是因为该地区作为原料的天然铜矿石以铜的化合物为主，其他金属元素化合物的含量很少。对比用铜石并用时代还是用红铜时代来表达特定地区人类社会刚刚开始进入铜器时代的相应阶段时可以发现，铜石并用时代一词主要反映出的是某地区早期使用铜器的普及状态，而红铜时代中的红铜一词则更多地与相关地区铜矿石的成分联系在一起。因此，对于一些地区来说，这两个名称所涉及的内涵很可能无法保持一致。例如，鉴于铜矿石的天然成分，在中华文明许多地区用本地铜矿石人工冶铜时，最早制作出来的就不可能是红铜器。另外，鉴于中国早期在高温技术和铜矿资源方面的优势，不论利用高温铜矿石还是低温铜矿石都可以发明人工冶铜技术，而且发明人工冶铜技术后会迅速进入非常繁荣的铜器时代，并没有必要经历一个较长时段的铜石并用时代。

欧洲的考古界认为，红铜时代之后所接续的是青铜时代，因为所制作的铜器中除了主要含铜之外还明显含有锡、砷或其他元素，也就是在用冶炼出来的铜合金制作铜器[10]。如果用低温人工冶铜技术制作出了青铜，则必定是所使用的铜矿石块除了含有铜的化合物外一定还含有其他金属或非金属化合物，所制作出青铜器的化学成分和尺寸主要取决于铜矿石块的化学成分和尺寸。如果用高温人工冶铜技术制作青铜，则可以把不同类型的铜矿石以及其他矿石以一定比例混合在一起，并把冶炼出的金属加热到熔点以上，制成特定成分的液态金属，再以铸造的方式制作出青铜器；或先铸造成青铜锭，然后打制成各种青铜器。早期的人类在无法控制青铜器化学成分的情况下，主要依靠积累的经验去调配不同铜矿石或其他矿石的比例，以制作出所需的青铜器，但必须借助晚期才出现的高温人工冶铜技术才可能同时冶炼不同类型的铜矿石。

20 世纪初，瑞典考古学家安特生受邀来中国从事考古研究时，基于西方对铜器时代研究的已有认知于 1923 年提出：中华文明初期的仰韶文化时期属于中国的新石器时代末期到铜石并用时代[23-24]。20 世纪 50 年代，在甘肃齐家文化的武威皇娘娘台遗址和永靖大何庄遗址先后发掘出了公元前 2000 年之后中国夏代的若干铜器，且化学分析确认均为人工冶铜制作的红铜器，符合欧洲考古学界对红铜时代的认知。当时，尚未形成对中国更早期铜器考古发掘的深入了解和认知，因此相关的中国考古研究认为，皇娘娘台遗址和大何庄遗址的红铜器说明中国在齐家文化时期进入了红铜时代[25-26]。基于安特生关于中国铜石并用时代的观念，中国的一些研究还把铜石并用时代从黄河中游地区的仰韶文化区进一步推广到黄河中下游的龙山文化区。同时也注意到，涉及铜石并用时代的一些地区并不全是红铜器，也会有青铜器，由此，已偏离了欧洲铜石并用时代的初始理念[27]。

中国的考古界在研究铜石并用时代的同时，也逐渐出现了对中国是否存在红铜时代的一些质疑，因为中国所涉及的铜石并用时代或红铜时代往往同时存在青铜、黄铜等其他铜器，并不符合铜石并用时代的基本理念[28-29]。相关的研究发现，如果铜石并用时代是普遍现象的话，西亚、北非、欧洲的铜石并用阶段明显区别于东方各地[30]，前者的铜石并用时代延续的时间很长，而后者延续的时间有限且时间边界很不清楚，甚至中国可能并不存在铜石并用时代[31-32]。

基于在套用欧洲铜石并用时代或红铜时代时论点所遇到的种种困难，一些分析首先认定了中国铜石并用时代存在的必然性，然后依照中国从新石器时代向铜器时代过渡时期人工冶铜技术的特征，以及红铜、黄铜、青铜等多种铜器共存的种种现象，重新描述了铜石并用时代的内容，但仍使人感觉到在时间长度和地域连续性方面所存在的一些障碍和不适应性[33]，即论证不完美，构不成闭环。另一方面，一些研究把西亚的铜石并用时代扩展到约公元前 6000 年至公元前 3100 年，将东南欧的扩展到约公元前 5200 年至公元前 3500 年，这样一来，铜石并用时代所对应的红铜不仅覆盖了早期人工冶铜所制作的红铜器，也连接到了西亚和东南欧的人工冶铜技术出现之前由自然铜制作的红铜器。面对学术界并不普遍承认中国存在铜石并用时代的现象，另有研究在同样认定了中国存在铜石并用时代的基础上，确认出中国的铜石并用时代大致为公元前 3000 年至公元前 2500 年，覆盖了许多早期红铜器出现的时期[34]。

见 3.8 节的阐述，对环地中海地区早期人工冶铜技术发展和铜器使用情况的系统性研究显示[18]：由于高温技术的局限，当时的人工冶铜技术只适合利用那些在较低温下就可以转变成铜的铜矿石，且随着对铜器的需求量不断增加，逐渐耗光了低温铜矿石，导致铜器生产量和使用量的下降，不得不仍大量使用传统的石质工具，进而进入了铜石并用时代。之后环地中海地区开始尝试改进高温技术、探索如何利用仅适于高温冶铜技术的铜矿石，并在约公元前 2500 年取得了突破，促使环地中海地区的铜产量明显增加，也逐步终结了铜石并用时代。然而，由于当时可利用铜矿资源的局限[35]，即便解决了高温技术障碍，该地区总体上仍长期保持了比较低迷的铜器使用状态[36]。相应不准确的估计显示，公元前 2000 年至公元前 700 年铜器时代晚期的约 1300 年期间，上述环地中海地区的铜器总产量约为 50 万吨，平均每年仅几百吨[18]。观察古希腊文明的萌生时期，作为西方文明的前身，周边地区低迷的铜器生产也对该文明的特征产生了影响[36-37]。20 世纪末期，苏联考古学者切而尼（Chernykn）曾分析过包括保加利亚在内、喀尔巴阡山–巴尔干等东南欧地区在公元前 5000 年至公元前 1000 年期间金属生产量的起伏变化[38]，图 5. 12 示意性地给出了其分析结果。可以看出，该地区在公元前 4000 年前后达到金属生产量的一个高峰后迅速跌入低谷，然后到约公元前 1500 年之后、铁器时代来临之前又再次进入高峰期（见图 5. 12）。这里所显示的低谷时期与文献［18］对环地中海地区所描述的情况基本一致（见 3. 8 节）。由此可见，最初的铜器生产达到一个高峰期后又显著下降，直至下一个高峰期来临之前应该就是所谓的铜石并用时代，即因铜器产量大幅度下降，又不得不增加石器的使用量。这或许与当时欧洲的人工冶铜技术尚未能广泛地去冶炼高温铜矿石有关[18]。同理，西亚地区才会在公元前 5 千纪（公元前 5000 年至公元前 4000 年）出现人工冶铜技术之后的公元前 4000 年进入了铜石并用时代[2]。由于具有在高温技术上的传统优势，早期的中国难以出现类似的现象，即中国恐难以出现类似于西方文明区的那种铜石并用时代。

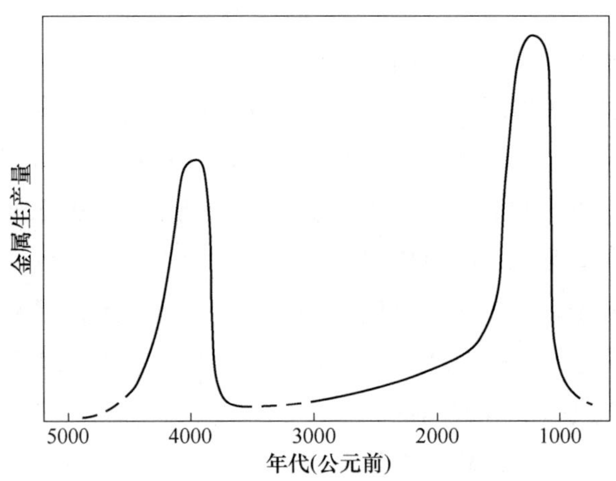

图 5. 12　公元前 5000 年至公元前 1000 年东南欧地区金属生产量的起伏变化[38]

在石器时代、铜器时代、铁器时代“三个时代”说的基础上[15]，欧洲的历史、考古界又在新石器时代和铜器时代之间增添了铜石并用时代，以便于观察和分析相应的历史进程。其核心要素在于：已发明了人工冶铜技术并开始越来越多地使用铜工具之后，在非常长的时间内，环地中海地区因高温技术和当时可利用铜矿资源方面的限制造成了铜器生产量的下降并长期陷入低迷的使用状态，即铜器石代中的某一阶段（见图5.12）；虽然并不排除有些地区的铜石并用时代与新石器时代末期衔接。这个漫长的铜石并用时代影响了该地区历史演变的进程，以至历史学家们不得不单独地列出一个铜石并用时代，进行针对性的观察、阐述、分析。其间，长期的铜石并用时代甚至对后续的古希腊和古罗马的文明特征产生了影响[36-37]。石器时代与铜器时代的划分不仅源于它们在物质本性上的差异，而主要在于它们对各阶段人类的追求都分别提供了关键性的支撑[1]。单独列出铜石并用时代也在于其对历史进程的上述明显影响。正因为如此，人们才没有提出或罗列出新旧石器并用时代、铁铜并用时代等过渡阶段，因为那并没有特殊的历史意义，尽管不论长短，这类阶段在历史上一定是存在过的。

因为当时出现的大多为红铜器，所以欧洲的铜石并用时代往往也称为红铜时代，其客观原因在于该地区当时有限的高温技术导致即时利用的铜矿资源以单一的氧化类铜矿石为主。由于铜矿资源和可利用铜矿资源的差异，世界各地未必都存在或率先出现红铜器，也未必都出现长时间以使用红铜器为主的阶段。中国开始进入铜器时代的初期所能观察到的，就是黄铜、锡青铜、砷铜、白铜、红铜共存的现象；在许多地方虽然都发现了早期的红铜，但从未出现过长期、单一使用红铜的阶段[10]。中国的铜矿资源不仅遍及各地，而且种类多样[16]。在只能采用低温人工冶铜的铜器时代初始阶段，一块同时含有铜的化合物和其他化合物的铜矿石经窑炉烧制后就会直接成为黄铜、锡青铜、砷铜或白铜，因此很难对照环地中海地区相应地寻找出中国的红铜时代、哪怕是短期的红铜时代。另外，因高温技术和铜矿资源充分利用方面的优势，在中国无法形成铜器制作长期低迷的状态以及欧洲历史考古界论及的铜石并用的时代特征。在中国一旦出现人工冶铜技术就会很快发展成极为繁荣的铜器时代，并因而影响到中华文明的特征[39]。考古发掘可以证实，人类历史上存在着显著的新石器与旧石器并用时段，以及铁器与铜器并用的时段。但与人们并没有划分出新旧石器并用时代或铁铜并用时代一样，中国无须对照西方文明史生硬地划分出中国某个时段为铜石并用时代，因为如此并不能产生出上述的诸多历史价值和意义，也无法与环地中海地区的铜石并用时代相对应[40]。

中世纪末期欧洲先进的科学技术和活跃的思想文化推动了工业革命的进程，随后欧洲各国综合国力日益强大，其思想意识对全球的影响也越来越大；相应地，欧洲对周围世界的各种认知也逐渐作为国际标准被各国认可。欧洲自然科学和工程技术的知识通常涉及的是比较客观的普适性规律和认知，世界各地在此方面往往不会产生显著争议。然而，伴随西方自然科学技术一起向非西方社会扩张的、夹带着大量欧洲历史文化主观视角的社会科学知识，则通常不具备普适性；人们在社会科学领域中谈到的“国际共识”往往仅是欧洲社会的共识，未必都适用于经历了不同历史文化过程的非欧洲国家。如果在社会科学领域如同在自然科学领域那样，盲目按照欧洲相关学术界的理念来阐述和理解非欧洲国家的历史文化，就难免出现水土不服，甚至会做出错误的解读。这一点也适合于对铜石并用时代的分析和理解。

人工冶铜技术出现以来，囿于高温技术和可即时利用铜矿资源的限制，包括西亚、北非、欧洲在内，环地中海地区铜器的制作和生产曾经成千年地陷入了低迷状态，并影响到了欧洲文明的历史演变和所形成文明的特征[6]，使得欧洲的历史、考古学界需要在其铜器时代的早期阶段划分出一个铜石并用时代。与不存在新旧石器并用时代或铁铜并用时代的原因相似，鉴于明显不同于环地中海地区人工冶铜技术的发展和历史进程，从冶金考古学的角度观察，中国冶金历史显示出难以存在，也没有必要刻意地去寻找出一个没有特殊历史研究价值的铜石并用时代。

5.4　早期铜器与中华文明的融合特征

开始进入文明时代的各地部族会逐渐达到温饱有余的经济能力，这意味着人们的劳动成果，因不会即刻被完全消费掉而开始转变为多余财富和多余劳动能力的积累。此时出现了一种可能性，即多余财富和劳动能力可以支撑一部分人免除常规的劳动行为而生存下来。因此，出现了族群间相处的另一种潜在趋势，即某一族群可以更多地或全部依赖于其他族群所具备的多余财富和劳动能力而生存。当这种依赖性主要是依靠暴力来实现时，即表现为一个族群对另一个族群以追求盘剥利益为背景的掠夺和奴役。由此可见，进入文明时代后人类温饱有余的经济能力以及相应的多余财富和劳动能力成为族群间掠夺和奴役的驱动力，经济能力越高，驱动力越大[6]。与此同时，普及使用的铜器，不仅显著提高了社会生产力，也造就了可用于族群间争斗的新工具，即铜兵器。掌握了铜兵器的族群会具备更高的争斗能力，如果双方都掌握了铜兵器，则会在所争夺利益总量不变的前提下显著提升争斗过程中双方的人员损伤。铜器技术越发达，争斗的损伤也越大。由此可见，铜器时代的铜兵器成为族群间相互掠夺和奴役的巨大阻力。自野蛮时代末期，世界各文明地区的人类族群在随后的社会发展中都会在普及使用铜器的推动下继续努力提高生产力，并促进了文明时代的萌生。人类各地族群推动生产力提高的主观努力是相似的，繁衍发展的时间越长、生产力水平越高。而各地人工冶铜技术的发展和使用铜器的普及程度往往受制于所处地域铜矿资源的天然分布，原则上并不完全依赖于人类族群的主观努力。因此，世界各地进入文明时代时的经济能力，即生产力水平与其使用铜器的普及水平会呈现出不同的搭配状态，前者会影响族群间相互掠夺和奴役的驱动力，后者则会影响相互掠夺和奴役的阻力，进而可能影响到所萌生文明的特征[37]。

如第 3 章图 3. 3a 所示的精致铜刀，早至 5000 年前中国古代小件铜器的制作技术已如此的成熟，以致小铜器的使用应该开始进入普及过程，只是中国传统的高温技术优势造成大量早期小型铜工具的湮灭，使得今天难以通过考古发掘显现当时铜器使用的真实情况[41]。另一方面，在如此早的年代，即刚刚进入文明时代的中国社会，其生产力达到温饱之后的有余水平则应该是极为有限和不稳定的。人工冶铜技术的出现及小铜器制作技术的成熟造成了掠夺和奴役的阻力明显增高，而非常有限的生产力水平所能积累的财富和多余劳动能力还很低下，使得掠夺和奴役的驱动力极低。由此，较高的阻力和较低的驱动力造成族群间因掠夺和奴役而发生战争、进行大规模激烈搏杀的可能性大幅度下降[37]。既然希望避免非必要的搏杀，各部族相遇或相邻而居时就需要探索和平相处的模式，由此逐渐形成了中华文明族群间的融合生存模式。因此，融合是在相互搏杀的阻力大、驱动力小的时代背景下人类社会出现的一种模式，而搏杀阻力大则与早期出现且逐渐成熟的人工冶铜技术密切相关。

历史文献中所记载五帝时代的黄帝集团、炎帝集团、东夷集团、苗蛮集团、三苗集团等超大型部落联盟集团[42]，往往都是通过各部族间曲折而错综的联系和复杂的渊源融合而成。融合形成大的部落集团不仅可以提高族群的生存能力，也可以更好地抵御外来集团的侵扰。实际上，当大的部落集团相遇时也难免会出现冲突或战争，“如黄帝与炎帝的阪泉之战，黄帝联合炎帝与蚩尤的涿鹿之战，以及共工氏与颛顼（zhuān xū）之间争夺霸权的战争等”[42]。因各集团都掌握了先进的冶铜技术，并普遍使用铜兵器，致使集团之间的战争残酷而耗时[43]。但融合特性已经形成了当时的趋势，以致在战争过程中或战争之后会再结成新的联盟，使得各族群间逐步走向了进一步的民族融合，从而在中原地区逐渐融合成了华夏民族的雏形[42]，或可泛称为夏族。

五帝时期晚期，禹受命负责组织集团范围的治水工作。在这个时期各地洪水泛滥达到高峰，成为集团内所有部落无法逃避而必须共同面对的自然灾害。为组织各部落战胜洪水灾害，禹先后花费十三年时间，走遍集团各水患之地组织抗灾，禹亲自持筐操铲劳作，治理天下的河流，最后终于战胜洪水，赢得了声誉。当时集团内部的族群结构并不很紧密，稳定性也不高，有时会发生某些部落渐行渐远，最终脱离集团的现象。禹走遍集团所涉及范围的各处，亲自组织和领导各地抗击洪水的工作，各个部族在这个过程中亲身体验到了禹的工作成效及各部落合力治水的必要性。治水的成功也增加了整个集团的凝聚力、提升了融合倾向。禹的治水行为确实在很大地理范围内推进了华夏民族以夏族为中心的凝聚和互相融合，使集团内各个部落和部落联盟之间原来较松散的相互关系变得更加紧密和稳定[6]。禹长期治水的现实显示，中华各民族曾长期在自然条件比较恶劣的环境下生存，生产力提升缓慢、难以为族群间的掠夺和奴役提供足够的驱动力，以致在中国的主体民族区域虽曾出现过奴隶现象，但在融合特征的笼罩下始终未能形成大规模的奴隶社会[44]。在中华文明地区的夏、戎、胡等基本族群中，体量巨大的夏族属于主干族群。各族群之间的融合通常是非主干部族逐渐接受主干部族的语言文字、姓氏制度、社会政治制度、价值观等；非主干族融入夏族的行为大多呈现出积极、主动的特征，而非被迫[45]。

5.5　新石器时代末期的中国古城与周边地区的铜器

城市建设是人们常说的文明社会的主要特征之一。作为农耕文明，中华文明形成初期自然也会在各地兴建古城。当今的考古挖掘不断发现了许多新石器时代末期的这类古城。例如，表 5.2 给出了据称在长江中游地区考古发现的新石器时代末期的一些古城[46]。通常，人们所以称某一考古遗址是古城而不是村落，不止需关注其规模的大小，更应关注建筑布局所能反映出该古城当时区别于普通村落的经济模式。因此，并不是村落的尺寸一定要达到像夏、商时期那种部落集团联盟性质的都城规模才能算作是古城。以湖南省澧县始建于公元前 5000 年最早的城头山古城为例[47]，除了表 5.2 所列出的内城面积外，该古城的外城面积超过 15 万平方米，被护城河围绕；城内有城门、城垣、房屋建筑、道路、制陶作坊、祭祀和墓葬遗迹、稻作遗迹等。值得注意的是古城的中心部位出现了制陶作坊[47]，显示出当时古城的居民不再以使用各家自制的陶器为主，出现了劳动分工，即居民中开始划分出多数从事稻作劳动和少数专门烧制陶器的分工，而古城则为稻米和陶器两类劳动成果的交换提供了便利。出现劳动分工也表明，当时的生产力水平已经能够满足人们的温饱需求，并不需要所有的人都去从事获取食物的农业劳动。城头山古城陶器的制作技术已经相当成熟，所制陶器形制的复杂和精美程度显然超出了生产、生活的必需（见图 5.13a），体现出在温饱有余经济能力的基础上人们在精神层面上的附加追求。另外，在安徽省含山县考古发现了约公元前 3500 年至公元前 3300 年处于新石器时代末期的凌家滩聚落遗址，总面积达到 160 万平方米，类似一个古城镇[48]，包括了居住区、手工作坊、集市、宫殿、神庙、祭坛、墓葬区等[49]，其中手工作坊和集市显示出当时已存在明显的社会分工以及不同劳动成果交换和贸易等文明时代才具备的特征和行为。该遗址内出土的陶器显示出了非常娴熟的制作技术，其器形也比较复杂（见图 5.13b），同样体现出了在精神层面上的附加追求。在城头山和凌家滩两处古城遗址出土的大量文物都呈现出当时该地已开始进入文明时代的迹象。

表 5.2　长江中游地区考古发现新石器时代末期的古城[46]

古城名称	地　点	城内面积/平方米	年代/公元前	文化类型
城头山古城	湖南澧县	约 90000	4500—2800 年	屈家岭文化
走马岭古城	湖北石首市	约 78000	约 3300 年	屈家岭文化
阴湘城	湖北江陵县	约 120000	约 3000 年	屈家岭文化早期
马家垸古城	湖北荆市	约 240000	约 3000 年	屈家岭文化
石家河古城	湖北天门市	约 1200000	约 3000 年	石家河文化早期

(a)　(b)

图 5.13　新石器时代末期的陶器

a—湖南澧县城头山古城遗址三联陶罐（湖南省博物馆）；

b—安徽含山县凌家滩遗址陶鬶（táo guī，新石器时期陶制炊具）（安徽博物院）

在凌家滩遗址不仅有许多陶器，而且还出土了大量的玉器，如制作精细的玉龙（见图 5. 14a）。值得注意的是，与这个玉龙非常相似的玉器在约公元前 3000 年同时期的辽宁省凌源市牛河梁遗址中也有发现（见图 5. 14b），而且这两地出土的玉人的体貌与四肢形体也非常相似[7]。类似的玉龙在辽宁建平县的文物中也有发现（见图 5. 14c），并与内蒙古自治区翁牛特旗赛沁塔拉出土的约公元前 3800 年的被称为中国最早以龙的形态出现的玉龙有神似、形似之处[7]。这种现

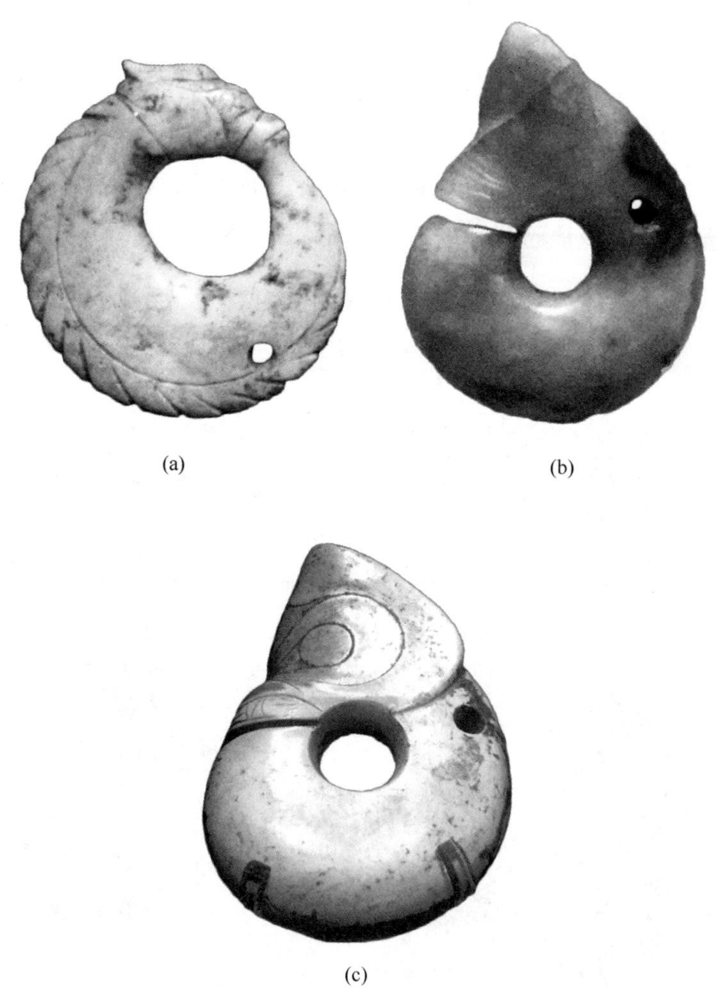

图 5. 14　新石器时代末期中国不同地方的玉龙形象

a—安徽含山县凌家滩遗址的玉龙（安徽博物院）；b—辽宁凌源牛河梁遗址碧玉猪龙（辽宁省博物馆）；c—辽宁建平县白玉猪龙（辽宁省博物馆）

象表明，新石器时代末期，中国各地的聚落人群已经有了文化和思想的交流。安徽省含山县凌家滩与辽宁省凌源市牛河梁或建平县相距 1400 多千米，与翁牛特旗的距离更超过 1500 千米。能出现跨越如此长距离的文化交流，说明当时中国各聚落之间已经有了很长时间的交往，并导致各地文化得以远距离地传播和相互影响。显然，这属于相互的文化交流，而不是单向的大规模族群迁移。制作质地更加坚硬的玉器不仅费时、费力，而且并非各族群生产、生活所必须，因此当时各地的社会生产力应已基本达到了满足族群成员温饱生活所需的经济水平，甚至在此之外其生产能力还有所多余，只有在这种情况下才可能花费更多时间、精力去制作玉器，进而得以在温饱生活以外还有能力支撑族众对思想、文化、艺术等精神层面的追求。这一经济和生产力状态即为当地社会开始要进入文明时代的征兆。

根据浙江省博物馆展出的考古发掘，在杭州市余杭区发现的良渚古城始建于约公元前 3300 年。该古城面积约 300 万平方米，外城更达 800 万平方米，估计需上万人建造若干年，可供上万人居住，且该城管理的周边范围至少也有 800 平方千米。通过所挖掘众多墓地的等级差异可以看出，当时人们已经出现了明显的贫富分化，结合大量的分析研究认为，良渚古城具备了国家的形态[50]。这也说明，在良渚古城的存续期间，当地的社会已经进入了文明时代。

沿长江流域的湖北、湖南、安徽、浙江等上述各地均出现了早期的古城，但在这些省内却很难找到与这些古城相同时期的铜器。图 5.11 已给出了在湖北发现的商代早期（公元前 16 世纪至公元前 13 世纪）铜器的实例，图 5.15 则给出了在湖南、安徽、浙江发现的商代铜器实例。尽管在安徽还发掘出了更早的夏代（公元前 21 世纪至公元前 17 世纪）铜器[51]，但无论如何都明显晚于上述古城的年代。观察图 5.11 和图 5.15 的每件铜器可以发现，它们几乎全都需要经过高温人工冶铜的先进熔化铸造过程才能制造出来，且多数铜器表现为体量大、制作精美，制作工艺流程应该非常复杂。由此可以推断，在所发掘到这些夏商代铜器之前，各地必然已经经历了很长时间的人工冶铜技术发展历程或与铜器制作发达地区已有了密切的交往，否则不可能在本地一开始就能实现如此高超的铜器制作能力。或许尚未发掘出更早的那些铜工具之类的小件铜器，或许更早的铜器已经湮灭消失了。另一方面也可以说明，在没有大量使用铜器的条件下人类社会的生产力也许仍可以逐步达到温饱有余的水平，只是发展速度会比较缓慢。

(a)　(b)

(c)

扫一扫看彩图

图 5.15　中国早期古城所在地区发掘出公元前 16 世纪至公元前 11 世纪的早期铜器

a—湖南宁乡黄材出土“戈”提梁铜卣（湖南省博物馆）；b—安徽庐江泥河出土兽面纹大铜铙（安徽博物院）；c—浙江温岭大溪出土蟠龙青铜大盘（浙江省博物馆）

5.6　汉字与铜器

文字也是人们分析文明时代时必不可少的关注点。在世界各地的文明出现之前都早已出现了本地域的文字。所有早期的远古文字均源于先民刻画的各种图形和符号，因而最早出现的所有文字都属于象形文字，包括苏美尔文明的楔形文字、古埃及文明的象形文字、爱琴海地区的线性文字，以及中国古代的陶文和甲骨文等[3]。古印度的印章文字也应属于象形文字，但至今无法解读。居住在今天叙利亚地区的腓尼基人以苏美尔楔形文字和古埃及象形文字为基础，创造出了拼音文字。随后古希腊在通过适当补充了腓尼基字母后编造出了沿用至今的希腊字母和希腊文，且欧洲所有类型的拼音文字均起源于希腊文[3]，世界其他地方具有拼音特色的文字也都源于其所传承的象形文字。一种语言或源于族群的传承与交流，或源于殖民等多种因素会被许多人作为母语使用，根据各种母语语言所对应的人口数量，可以排列出目前使用规模最大的六种语言，分别是汉语、西班牙语、英语、阿拉伯语、法语和俄语，同时，这六种语言也是联合国的工作语言。这六种语言对应的文字分别为中文、西班牙文、英文、阿拉伯文、法文和俄文，其中后 5 种文字都属于拼音文字。以借助改编腓尼基字母而形成的希腊文字为基础，后来又演变出了拉丁文、西班牙文、法文、英文、俄文。阿拉伯文的形成与演变也与腓尼基字母有一定关联，即后 5 种文字都与腓尼基的拼音文字有某种传承或借鉴的关系，因此都属于自环地中海地区衍生出来的文字。见 4.1 节，囿于喜马拉雅山脉的隆升造成的种种自然屏障，使得至公元初年之前汉字很难影响到西亚，而在东亚地区也同样难以受到腓尼基拼音字母的影响。因此，对东亚地区有很大历史影响的汉语文字始终保持了独立发展的象形文字体系，与腓尼基文字无关[3]。

中国发现的最早甲骨字符是约公元前 6000 年刻于河南舞阳龟甲上的贾湖字符[52]。考古研究发现了新石器时代中后期中国各地出土的各种书写或刻画在陶器上被称为陶文[53]的文字性字符[3]，例如，约公元前 5500 年甘肃秦安大地湾遗址、约公元前 5400 年湖北宜都柳林溪遗址[54]、约公元前 5300 年安徽蚌埠双墩遗址、约公元前 4500 年陕西西安半坡遗址、约公元前 4500 年湖北宜都柳林溪遗址、约公元前 3400 年山东泰安大汶口区域等众多遗址所出土的陶器上都展示出了形式各异的陶文；在浙江平湖庄桥坟遗址发掘出约公元前 3000 年刻有字符的石钺[55]。在宁夏、内蒙古多地发现有约公元前 3000 年含原始文字的大规模岩画[56]。其中，在浙江平湖庄桥坟遗址中发现有 240 余件刻画了符号的器物，这些符号排列成序，可以成组连字成句，属于较为成熟、初具系统的文字[57]。另外，在安徽省蚌埠双墩遗址中发现的 600 多件刻画于陶器底部的单体符号、复合符号、组合符号的内容包括：日月、山川、动植物、房屋等名词，以及狩猎、捕鱼、种植、养蚕等生产和生活方面的记事与记数；不少符号具有记事和表意功能。分析认为，双墩刻画符号是中国文字系统化的一个重要源头[58]。

多年的考古研究认为，中国新石器时期出现的许多刻画字符已经被认定为早期汉字的雏形，且已被解读出来。例如，发现了河南舞阳贾湖字符[52]与现代汉字的联系，双墩遗址陶片上大量的字符与甲骨文和现代汉字对应之后得到了解读。由此可见，在新石器时期中国的汉字已经逐渐形成体系，许多字符都演变成了今天的汉字[3]，大量符号的演变和系统化是后续甲骨文及现代文字发展演化的主要基础。在中国广大的地理范围内，各地早期的文字必定存在着各种差异，而图 5. 14 所展示出的中国各地族群跨越上千千米距离、广泛而长期的文化交流必定能极大地促进了各地语言和文字的相互融合，为商周时期甲骨文的普及，以及秦始皇统一中国后全国文字全面而系统性地统一奠定了基础。

文字刚刚出现时，人类还没有发明造纸术，早期的很多文字和文章多刻写在陶器、玉器、石料、骨、角、龟甲、竹、木、绢帛、动物皮、树皮、植物叶等各种载体上。其中很多载体很容易破损、腐败、变质、燃烧，进而在历史中大量丧失于自然的损坏或遭人为破坏。反观铜器的特征刚好是：不易破损、不腐败、不变质、不燃烧、锈蚀缓慢等，因此承载文字和文章的铜器也难以自然损坏，也不易遭人为破坏，这可使得被记录在铜器上的内容得以长期保留，鉴于中国商代已经极为普及而发达的冶铜业和制铜技术，汉字也广泛地以铸造出铭文的形式被展现在当时的铜器制品上[59]，为今天的历史研究留下了大量宝贵的文献资料。例如，图 3. 10c 所示后母戊鼎的内壁就铸刻有甲骨文“后母戊”三个字，放大图见图 5. 16a；图 3. 13l 所示子龙鼎的内壁铸刻有甲骨文“子龙”两个字，其放大图见图 5. 16b[60]；图 3. 13n 所示扶风㝬鼎的内壁也铸刻有说明性甲骨文，其放大图见图 5. 16c。

据考古统计[61]，至今已发现商代带有铭文的铜器约 6000 件，包括河南发掘出了约 1400 件、山东发掘出了近百件、山西近 60 件、河北约 30 多件；陕西也发掘出了约 1000 件商周时期带有铭文的铜器，但多数属于周代制作。图 5. 17 给出了商代带有叙事铭文的两件铜器实例。图 5. 17a 是商代铜器“作册般”青铜鼋，鼋身上背负着四支射中的箭镞，其中“作册”是一种官职，“般”是人名[62]，鼋

(a)

(b)

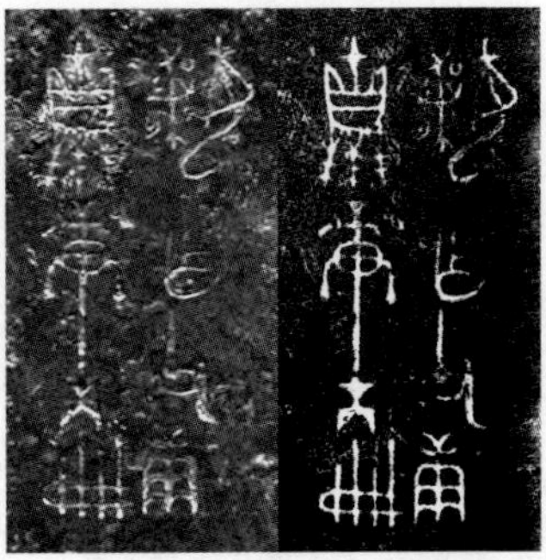

(c)

图 5.16　中国商代著名铜鼎的铭文及其拓片[60]

a—后母戊（图 3.9c，中国国家博物馆）；b—子龙（图 3.12l，中国国家博物馆）；

c—嫊乍（作）父庚鼎，举册（图 3.12n，陕西历史博物馆）

属于一种淡水龟，其背上的铭文大致表示：商王射猎鼋，四箭全中、……。图 5.17b 是同时期铜器“作册般”青铜甗（甗，yǎn，蒸食用具，上半部是甑（zèng），即笼屉；下半部是鬲（lì），炊具，用于煮水），通高 44.3 厘米、口径

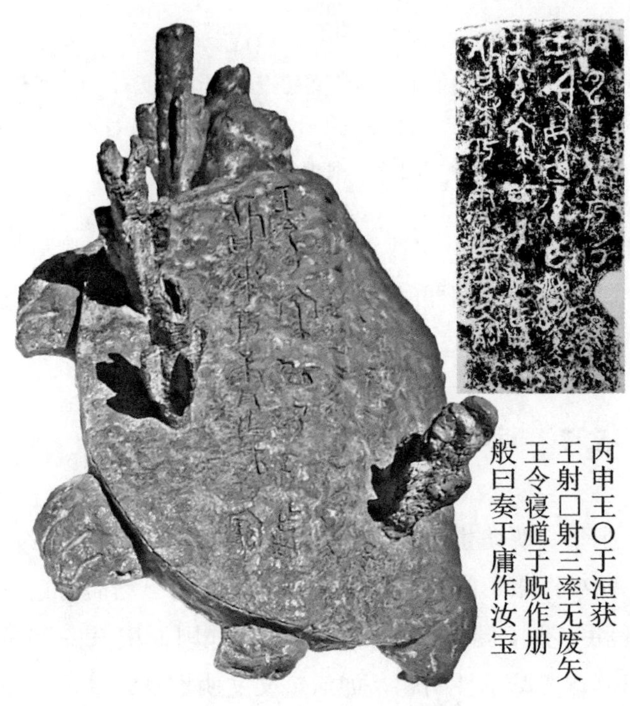

(a)

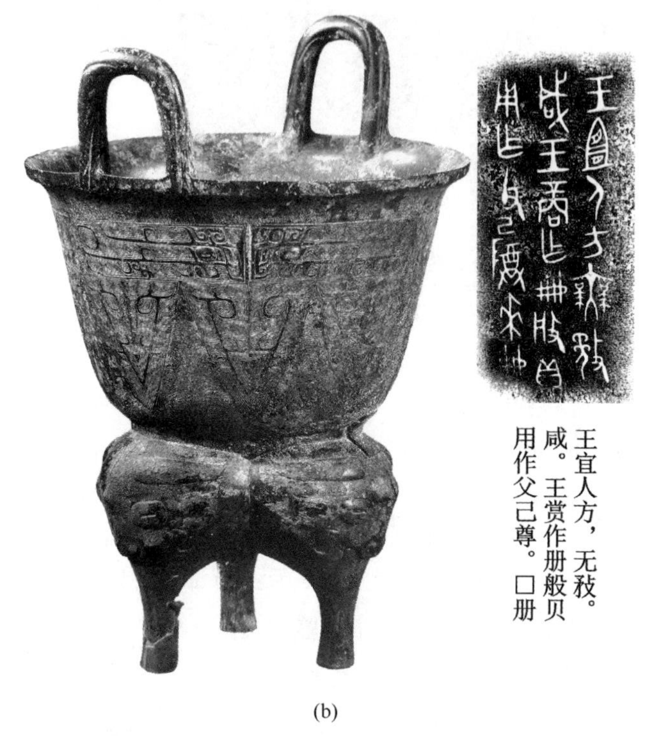

(b)

图 5. 17　中国商代带有叙事铭文的铜器及铭文所对应的现代文

a—“作册般”青铜鼋及其铭文（中国国家博物馆）；

b—“作册般”青铜甗及其铭文[60]

27. 2 厘米；甗的内部有铭文，大致涉及商王征伐东南方的夷人“人方”的相关事宜。可以看出，中国发达铜器时代所制作的带铭文铜器为中华文化发挥了巨大的传承作用。

5. 7　中华文明萌生时的生产力水平

通常认为，中华文明萌生于约公元前 3000 年，至今已经存续了 5000 年，是世界上唯一的自萌生以来不间断延续至今的远古文明。然而对这一认知，始终受到许多国外学者和一些中国学者的多种质疑，并因而引发一些争议和讨论[56]。引起质疑和争议的首要基础性问题是如何定义文明本身，以及判断一个文明是否已经萌生的标准是什么[1]。在深入研究西亚、北非地区的远古文明，以及古希腊、古罗马等古文明之后，欧洲的学术界形成了判断一个文明是否萌生的标准，并逐渐演变成了今天历史学、考古学的主流理念。这种主流的理念通常需依据当时人类社会是否出现了某些文明社会的特征来判断是否出现了文明，例如，文字、城市、铜器等三大文明社会特征，乃至国家、阶级等文明社会的其他特征。

然而，西亚、北非地区的远古文明，以及古希腊、古罗马等古文明均大体属于以农耕为基础的文明，欧洲学术界据此所形成的关于文明社会的判据并不能做到放之四海而皆准，而是更适合于用来描述农耕文明。实际上，全世界不同地区、不同类型文明的特征未必完全相同，文明社会的所有特征未必在不同文明萌生时同时出现，某些文明特征未必非常显著，甚至一些文明特征未必会出现。例如，游牧民族主要的经济模式不同于农耕民族，因此其文明萌生时未必会出现大的城市建设[1]。

另一方面，文字、城市、铜器、国家、阶级等众多特征，仅仅是文明社会在不同层面上的外在表现，属于文明社会的种种现象，而非文明社会的本质。文明社会的本质在于经济要素，即人类族群需实现温饱有余的生活水平，因此文明时代是指：人类社会生产力达到温饱有余水平后所开启的一个呈现出种种新型社会特征的时代[3]，所有文明社会的特征或现象均由温饱有余的经济状态产生或与此密切相关[1]。在诸多文明时代的新型社会特征中，建设城市是农耕文明的重要特征，但不是游牧文明不可或缺的必要条件；文字是进入文明时代的基础，但主要是野蛮时代中晚期的时代特征。

由此可见，若想识别文明时代何时到来，关键还在于需认清能呈现出文明时代本质性因素的历史阶段。在蒙昧时代追求生存、野蛮时代追求温饱的基础上，人类文明时代的本质性因素就是在能获得温饱的经济条件下，继续努力提高生产力、不断追求温饱有余的生活，因此，“温饱有余”是文明时代的核心观念[1]。尽管人们曾罗列出众多文明时代必定出现或未必出现的特征或外在形式，但任何文明时代特征只要出现，就必然源于“温饱有余”的经济能力，或与之密切相关。例如，“温饱有余”会导致社会分工和贸易行为、多余的财富积累易引发族群间的掠夺、多余的劳动能力所附带而来的劳动者被盘剥的价值经常会造成族群相互的奴役行为等[1]。

中华文明属于农耕文明，欧洲学术界涉及农耕文明萌生的种种判断标准原则上也适用于描述中华文明。因此可以如上所述，从受到更多关注的铜器、城市、文字等文明社会三大特征的视角来观察中华文明的早期阶段，但更基础性观察一个社会文明程度的视角还是需要关注涉及文明本质的社会生产力水平，即需分析和探讨中华文明萌生时的社会经济状态。然而，今天的人们很难直接证实各地文明出现时的经济能力和生产力水平是否达到了“温饱有余”。另一方面，如果当时的人类在足够大量地生产和制作人类非温饱生存所必需的器物时，就说明已经有足够的闲暇，得以花费大量时间去追求或满足温饱生存必须之外的需求，因而也预示着文明时代的开始。

玉器的加工过程极为耗时费力，且不为人类基本温饱生活所必需，大多用于装饰品、礼器和祭祀方面的需求[8]，且因其质地稳固而得以大量保留至今。当野蛮时代末期人们越来越多地制作玉器时，就标志着人类社会生产力越来越明显地达到了温饱有余的水平。约公元前 3000 年，刚开始进入文明时代的凌家滩遗址就出土了大量耗时费力、制作精美的玉器，类似的玉器在中国各地都有发现（见图 5. 14）。同时期的浙江杭州良渚文化遗址区域曾发掘出了超过万件各种用作装饰品或礼器的精美玉器[63]（见图 5. 18a），辽宁省凌源市牛河梁遗址红山文化的玉器不仅量大、种类多，而且制作也非常精美（见图 5. 18b）。这些都说明，公元前 3000 年居住于中国各地的不同族群已普遍达到了“温饱有余”的经济能力和生产力水平，过上了温饱有余的生活，进而开始进入文明时代。

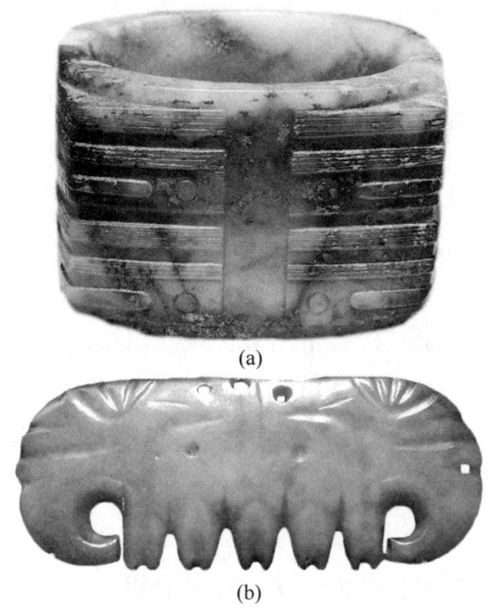

图 5. 18　新石器时代末期中国不同地方的精美玉器（中国国家博物馆）

a—公元前 3300 年至公元前 2300 年良渚文化神人纹琮；b—公元前 4500 年至公元前 3000 年红山文化神面形器

公元前3000年以前，中国多地出现了借助人工冶铜技术制作铜器的技术，尽管中国高温技术的传统优势大量地湮灭掉了早期可供考古发掘的铜器，但仍然可以确认中国经历了一个繁荣而发达的铜器时代。公元前3000年之前的新石器时代末期，中国多地出现了包括农耕生产之外的手工业分工和贸易功能的古城镇，早已出现的文字也在各地不断相互交流，并开始系统化。因此，从传统判断文明的铜器、城市、文字三大要素出发，作为农耕文明的中国在公元前3000年已经开启了文明时代的进程。从文明时代的经济基础的因素考虑，各地大量精美的玉器显示出相应地区的社会生产力已经获得了明显提高，使得生活在那里的族群过上了文明时代才有的温饱有余的生活。

5.8 中国铜器时代中期萌生的冶铁技术

中国商代初期之前的铜器时代属于铜器的使用越来越普及的铜器时代早期阶段。自商代中期至西周时期，中国人工冶铜的技术发展达到顶峰，铜器的使用范围覆盖了社会生活的各个角落，因而属于极为繁荣、发达的铜器时代中期。人工冶铁技术出现之后铁器的使用在东周时期逐渐普及，使得中国开始进入铜器时代的晚期。虽然在此期间铁器并未能取代铜器的主导地位，但铜器已很难取得进一步的辉煌，因而自铜器时代晚期中国逐步进入了铁器时代。如3.9节所述，铁器比铜器更轻便、坚硬、强韧、锋利、耐久，且其矿源更丰富，人类掌握人工冶铁技术后必然会迅速普及使用铁器。迄今为止，在甘肃临潭陈旗磨沟遗址发现了约公元前14世纪中国借助人工冶铁技术最早制作出来的两件铁器，即刚刚进入铜器时代中期的中国就出现了人工冶铁技术；随后在新疆多地出土了约公元前10世纪人工冶铁制作的早期铁器，在河南三门峡虢国墓地出土了约公元前9世纪至公元前8世纪借助块炼铁法制成的铁剑[64-65]。

发明人工冶铁的基础和条件与发明人工冶铜技术类似，由2.5节可知应包括：足够的铁矿资源、足够高的冶炼温度、金属变形加工的技术和能力、发明人工冶铁的偶然性机会等四个条件。地壳中蕴藏着远比铜矿资源更为丰富的铁矿资源[66]，因此，世界各地的人工冶铁都不会受限于铁矿资源。能实现1000 ℃加热就可以借助块炼铁技术冶铁，而商代烧制原始瓷器的温度已达到1200 ℃，即可实现高温冶炼液态生铁[67]。当发明了人工冶铜技术并开始普及使用铜器之后，人类社会就已经掌握了金属变形加工的技术和基本能力，尤其是中国经历了繁荣而发达的铜器时代，因此可以娴熟地把金属锻打成所希望的形状。与变形加工自然铜不同，人类最早以变形加工的方式制作铁器所使用的原料是自宇宙外太空落到地球表面的陨铁。在新疆托里县那仁苏墓地的两座墓葬中出土了两件约公元前3000年由陨铁制作的铁刀，这是中国目前发现最早的陨铁制品[68]。在河北藁城和北京平谷分别出土了约公元前14世纪的铁刃铜钺[69]，其中以陨铁为刃部，且铁刃被包入铜钺主体之内而制成铁刃铜钺。在湖北随州叶家山出土了公元前13世纪至公元前12世纪铁援铜戈；在河南浚县出土了约公元前10世纪铁刃铜钺和铁援铜戈；在河南三门峡虢国墓地与出土人工冶铁制品[65]的同时，还出土了公元前9世纪至公元前8世纪的铜内铁援戈、铜銎铁锛、铜柄铁削、铁刃铜削等陨铁与铜的复合器具[68]。如上众多铁铜复合器具都表现为，以锻打好的陨铁为刀、戈的锋利刃部，并被铜的本体所夹持。这首先表明当时铁器的数量并不够多，需节约使用；其次说明人们已经意识到了铁器的诸多性能优势，进而刻意把好铁用在刀刃上。另外，锻打制作铁铜复合器的复杂过程也显示出，当时已经形成了极为成熟的变形加工技能。繁荣发达的铜器时代表明，人们已经熟练地掌握了寻找并选择铜矿石、加热铜矿石冶炼成铜、铸造铜器成形、锻打铜锭或铜块成器具等一系列的工艺流程。有鉴于此，人类获取人工冶铁机会的偶然性已经大大降低，只要有机会错把铁矿石当作铜矿石送去冶炼且冶炼温度足够高，就可以冶炼出初级的铁锭或铁块，后续的铸造或锻打加工与铜器类似。铁矿石的蕴藏量和获取机会远高于铜矿石，尤其中国的高温技术早就不是问题了。一旦生产者发现因原料矿石的差异导致了在制作过程中以及在所制成产品性能方面出现异样，就会逐渐积累和总结出人工冶铁流程的经验，进而发明出人工冶铁技术。由此可见，在人工冶铜已经成熟，尤其是经历了繁荣而发达铜器时代的基础上，在中国发明人工冶铁已经是一件比较容易的事情了。

在中国最早人工冶金技术来源方面的观点，不仅存在如4.8节所述的人工冶铜技术西来说，还存在人工冶铁技术西来说。鉴于西亚地区至今被发现（出现）的人工冶铁技术早于中国各地，一些学者就感受到[70]：中原最初的人工冶铁技术更像是从新疆经河西走廊传入的。随之有人主观地设想到[71]：最初起源于西亚的铁器首先影响到新疆地区，然后到达黄河流域，进而推测出[72]：新疆和甘青地区的人工铁器技术当来源于西方，新疆的铁器技术当为从西方传入，并进一步东传至中国内地。由此，中国人工冶铁技术西来说得到了较为广泛的认可[73-75]，且认为，生铁制品或生铁冶炼技术随着文化交流传播到了甘肃、新疆[73]。这里所说的生铁或称铸铁，应该是由竖炉在1200 ℃以上较高温度还原冶炼得到的铁，因其吸收碳而导致熔点降低，得以熔化形成液态生铁[64]。然而，在山西运城垣曲县天马-曲村的晋国墓地出土了公元前8世纪至公元前7世纪的白口铸铁残块[76]，是目前全世界发现最早的、中国独立发明的铸铁制品，比欧洲最早的铸铁制品证据早了大约两千年[77]。

如4.3节所述，自约公元前3000年中华文明萌生以来，中华文明核心区与中亚卡拉库姆沙漠群以北、里海以东的北亚草原地区一直存在着频繁的早期人文交流，因此早期的人工冶铜技术在中国中原地区、河西走廊、新疆、北亚草原等泛东方文明区内的传播与交流应该是非常正常的现象。另一方面，4.1节也证实了，西亚、南欧的人工冶铜技术向泛东方文明区传播的主要障碍在于公元前20世纪之前，北方寒冷地带构成的气候屏障、多个沙漠地带形成的地质隔绝，以及喜马拉雅山脉、青藏高原、帕米尔高原等隆升而造成的地理阻隔。目前的观察并未发现，至公元前14世纪中国甘肃临潭陈旗磨沟遗址发现人工冶铁制品时，这种阻隔已经显著弱化或得到了明显的克服。由此可见，人工冶铜技术西来说的主要障碍也可能会成为人工冶铁技术西来说的主要障碍。从传播逻辑上观察，人工冶铁技术的传播不可能逆着历史的时间顺序，即如上所述：甘肃公元前14世纪的人工冶铁技术不可能源自新疆公元前10世纪才有的人工冶铁技术，山西公元前8世纪至公元前7世纪的高温铸铁技术不可能源自2000年后的14世纪才在西方出现的铸铁技术。

如果考虑到，泛东方文明区范围内早期人工冶铁技术在各地域之间的传播和交流是一种自然而正常的现象，则迄今为止能支撑中国人工冶铁技术源自西亚或西方的唯一依据只是西亚的人工冶铁技术在时间上早于东亚，由此显示出了西来说理念则带有明显的主观认知特征。论证人工冶铁技术的传播，不仅是历史学、考古学等社会科学领域的问题，也是冶金学、金属学等工程技术和自然科学领域的问题，应综合考虑。上述接受人工冶铁技术西来说理念的基本上是从事历史学或考古学研究的社会科学领域的学者[70-75]。社会科学领域的学者基于其文化理念来观察和分析历史现象，难免带有观察者的主观性；而自然科学学者领域的学者则会更多地依据自然科学原理来观察和分析考古文物，其客观性占据了主导地位。

如4.8节所述，西方的社会科学领域形成了“西方中心论”，在其影响下出现了包括人工冶铜技术在内的中国人工冶金技术西来说，并形成了一系列的并非完全基于客观证据的观点和理念，且难免会潜移默化地影响到人们对中国人工冶铁技术来源的认知。然而，4.9节已经阐明，中国人工冶铜技术来自西亚的西来说存在着难以克服的认知障碍，尚无法成立。考古分析发现，公元前14世纪的中国充分展现出了其已经具有必要的矿产资源、高温技术、金属加工能力、发现人工冶铁的机会等几个出现人工冶铁行为的必备条件，同样不存在需要引入西方冶铁技术的必要性和必然性。而且当时正经历着繁荣发达的铜器时代，基于长期而频繁实施人工冶铜所积累的经验和技术，发现人工冶铁的技术障碍已经变得极低，远远低于发现人工冶铜的技术障碍，以致在东西方之间巨大自然地理环境阻隔尚存的情况下，中国完全依靠西方引入来发展本土人工冶铁技术的可能性已经变得非常渺茫。

参考文献

[1] 毛卫民，王开平. 人工冶铜技术与文明时代的概念 [J]. 金属世界，2023 (2)：28-33.

[2] 拱玉书. 日出东方——苏美尔文明探秘 [M]. 昆明：云南人民出版社，2001：89，214.

[3] 毛卫民，王开平. 文明之初的文字与铜器 [J]. 金属世界，2022 (3)：1-8.

[4] 毛卫民，王开平. 金属的使用与中西方文明的发展 (Ⅰ)：铜器制造和使用的差异 [J]. 金属世界，2018 (5)：22-25.

[5] 郭子林. 古埃及文明消亡的现代反思 [J]. 史学理论研究，2022 (1)：92-105.

[6] 毛卫民. 文明的回荡——中西方文明特征差异的物质基础与演变概览 [M]. 北京：中国书籍出版社，2023：19-23，31-33，44-62.

[7] 毛卫民. 文明与物质——从材料学视角探索中西文明差异 [M]. 北京：中国社会科学出版社，2022：9，37-41，57-64，67-70.

[8] 毛卫民. 材料与文明 [M]. 北京：高等教育出版社，2020：49-89，89-92，120-130，133-144.

[9] 陈振中. 先秦青铜生产工具 [M]. 厦门：厦门大学出版社，2004：19-137.

[10] 毛卫民，李一鸣，王开平. 中国及周边地区早期的铜器 [J]. 金属世界，2024 (1)：23-29.

[11] 范荣静，李三谋. 青铜农具考释 [J]. 农业考古，2012 (4)：96-103.

[12] 唐兰. 中国青铜器的起源与发展 [J]. 故宫博物院院刊，1979 (1)：4-10，107.

[13] Liu R, Pollard A M, Cao Q, et al. Social hierarchy and the choice of metal recycling at Anyang, the last capital of Bronze Age Shang China [J]. Scientific Reports [R/OL], 2020, 10 (18): 794, https://doi.org/10.1038/s41598-020-75920-x.

[14] 刘玉堂，黄敬刚．从曾侯乙墓看曾国的军备［J］．武汉大学学报（人文科学版），2008，61（4）：435-438.

[15] 贺云翱．考古学为人类观察生产力的演变规律提供重要启迪［J］．大众考古，2016（9）：卷首语．

[16] 毛卫民，李一鸣，王开平．中国的铜矿资源与发展人工冶铜的机会［J］．金属世界，2024（3）：12-19.

[17] Tylecote R F. A History of Metallurgy [D]. London: The Institute of Materials, 1976: 1-12.

[18] Hong S, Candelone J P, Soutif M, et al. A reconstruction of changes in copper production and copper emissions to the atmosphere during the past 7000 years [J]. The Science of the Total Environment, 1996, 188: 183-193.

[19] 达文波特 W G，金 W，施莱辛格 M，等．铜冶炼技术［M］．杨吉春，董方，译．北京：化学工业出版社，2006：1-24.

[20] 毛卫民，李一鸣，王开平．中国古代的高温技术与发明人工冶铜［J］．金属世界，2024（2）：42-46.

[21] Mark Pearce. The 'Copper Age'—A History of the Concept [J]. Journal of World Prehistory, 2019, 32 (3): 229-250.

[22] 金岷彬，陈明远．历史考古的新观点（之九）野蛮向文明的过渡—陶冶时代［J］．社会科学论坛，2014（9）：4-26.

[23] 王炜林，杨利平．陕西彩陶的发现及其文化意义［J］．文物世界，2021（2）：41-68.

[24] 杨杰．略述我国的铜石并用时代［J］．内蒙古社会科学，1985（4）：46-48.

[25] 郭德勇．甘肃武威皇娘娘台遗址发掘报告［J］．考古学报，1960（2）：53-91.

[26] 中国科学院考古研究所甘肃工作队．甘肃永靖大何庄遗址发掘报告［J］．考古学报，1974（2）：29-62.

[27] 严文明．论中国的铜石并用时代［J］．史前研究，1984（1）：35-44.

[28] 华泉．中国早期铜器的发现与研究［J］．史学集刊，1985（3）：72-78.

[29] 刘宝山．试论甘青地区的早期铜器［J］．青海师范大学学报（哲学社会科学版），1996（2）：115-118.

[30] 苏荣誉，华觉明．中国上古金属技术［M］．济南：山东科学技术出版社，1995：46-51.

[31] 苏荣誉．关于中原早期铜器生产的几个问题：从石峁发现谈起［J］．中原文物，2019（1）：26-31.

[32] 金正耀．中国金属文化史上的“红铜时期”问题［J］．中国社会科学院研究生院学报，

1987（1）：59-66.

［33］路迪民．论中国铜石并用时代和青铜时代的分期［J］．西安建筑科技大学学报（社会科学版），1999，18（1）：47-51.

［34］韩建业．关于中国的铜石并用时代和青铜时代——从新疆的考古新发现论起［J］．西域研究，2022（3）：89-98.

［35］Ling J，Stos-Gale Z，Grandin L，et al. Moving metals Ⅱ：Provenancing Scandinavian Bronze Age artefacts by lead isotope and elemental analyses［J］．Journal of Archaeological Science，2014，41：106-132.

［36］毛卫民，王开平．欠发达铜器时代孕育的西方文明及其早期价值观念的特征［J］．金属世界，2021（5）：1-6.

［37］毛卫民，王开平．铜器与中西方文明的萌生［J］．金属世界，2020（45）：1-5.

［38］Chernykn E N. Ancient metallurgy in the USSR，The Early Metal Age，translated by Sarah Wright［M］．London：Cambridge University Press，1992：48-53.

［39］毛卫民，王开平．繁荣的铜器时代于中华文明融合统一的特征［J］．金属世界，2021（6）：1-8.

［40］毛卫民．对中国古代“铜石并用时代”的探讨［J］．金属世界，2024（6）：23-29.

［41］毛卫民，李一鸣，王开平．中国发达的高温冶铜与古铜器的湮灭［J］．金属世界，2024（4）：44-48.

［42］王震中．夷夏互化融合说［J］．中国社会科学，2022（1）：132-157，207.

［43］郭泳．夏史［M］．上海：上海人民出版社，2015：9.

［44］毛卫民，王开平．中国发达的人工冶铜技术与踪迹难觅的奴隶社会［J］．金属世界，2023（3）：46-51.

［45］张肇麟．夏商周起源考证［M］．北京：科学出版社，2018：Ⅴ-Ⅵ.

［46］张之恒．长江流域史前古城的初步研究［J］．东南文化，1998（2）：6-14.

［47］韦宝婧，胡希军，陈存友，等．湖南澧县城头山古城祭祀园林探究［J］．古建园林技术，2019（1）：37-42.

［48］赵春燕，吕鹏，朔知．安徽含山凌家滩与韦岗遗址出土部分动物遗骸的锶同位素比值分析［J］．南方文物，2019（2）：184-190.

［49］周剑虹，孙晓胜．凌家滩：聚焦中国最早的城市［J］．记者观察，2002（10）：19-21.

［50］赵辉．良渚的国家形态［J］．中国文化遗产，2017（3）：22-28.

［51］郁永彬，王开，陈建立，等．皖南地区早期冶铜技术研究的新收获［J］．考古，2015（5）：103-113.

［52］冯凭，吴长旗．舞阳龟甲刻符初探［J］．中原文物，2009（3）：51-58.

［53］李兴斌．陶文的集大成之作——读《陶文图录》［J］．全国新书目，2007（7）：6.

[54] 王晖. 从蚌埠双墩遗址陶符看史前陶器刻画符号的性质［J］. 宝鸡文理学院学报（社会科学版），2013，33（6）：5-15.

[55] 温州商报. 石钺上的神秘符号［N］. 温州商报，2013-07-10（11）.

[56] 周国林. 中华文明胜利跨越五千年之象征性年份初探［J］. 华中师范大学学报（人文社会科学版），2017，56（5）：137-145.

[57] 朱海洋，陆健. 中国最早原始文字在浙江被发现［N］. 光明日报，2016-07-09（9）.

[58] 李陈续. “双墩文化”折射7000年前淮河流域文明曙光［N］. 光明日报，2005-11-15（4）.

[59] 吴静霞. 商周青铜器铭文的制作工艺和西周颂鼎复制［J］. 文物保护与考古科学，2008，20（4）：55-58.

[60] 吕章申. 中国古代青铜艺术［M］. 北京：中国社会科学出版社，2011：18-45.

[61] 苗利娟. 全国出土商代有铭铜器概述［J］. 殷都学刊，2009（3）：28-36.

[62] 徐凤仪. 商周“作冊”析辨——兼论周人对殷商遗留职官文化的改造［J］. 中山大学学报（社会科学版），2022，62（6）：27-37.

[63] 李国忠. 论中华先祖部族文化融合轨迹——兼论中华古玉器渊源传承［J］. 天中学刊，2020，35（5）：116.

[64] 陈坤龙，梅建军，潜伟. 丝绸之路与早期铜铁技术的交流［J］. 西域研究，2018（2）：127-137，150.

[65] 王颖琛，刘亚雄，姜涛，等. 三门峡虢国墓地M2009出土铁刃铜器的科学分析及其相关问题［J］. 光谱学与光谱分析，2019，39（10）：3154-3158.

[66] 李双林，李绍全，孟祥君. 东海陆架晚第四纪沉积物化学成分及物源示踪［J］. 海洋地质与第四纪地质，2002（4）：21-28.

[67] 李广进. 汉代冶铁技术［J］. 军事文摘，2020（22）：52-55.

[68] 张昕瑞，李延祥，阿里甫江·尼亚孜. 新疆托里县那仁苏墓地出土陨铁器分析［J］. 西域研究，2023（3）：88-94，175.

[69] 李众. 关于藁城商代铜钺铁刃的分析［J］. 考古学报，1976（2）：17-34，187-194.

[70] 唐际根. 中国冶铁术的起源问题［J］. 考古，1993（6）：556-565.

[71] 安志敏. 塔里木盆地及其周围的青铜文化遗存［J］. 考古，1996（12）：70-77.

[72] 韩建业. 新疆地区的早期铁器和早期铁器时代［J］. 社会科学战线，2018（7）：130-137.

[73] 陈建立，毛瑞林. 王辉，等. 甘肃临潭磨沟寺洼文化墓葬出土铁器与中国冶铁技术起源［J］. 文物，2012（8）：45-54.

[74] 陈明远，林川. 木-铁体系冶铁术的发明和流传［J］. 社会科学论坛，2016（9）：21-44.

[75] 王鹏．中原冶铁技术“西来说”辩证 [J]．天中学刊，2013，28（5）：83-85.

[76] 刘培峰，李延祥，潜伟．山西传统铸铁技术成就 [J]．铸造设备与工艺，2015（3）：58-61.

[77] Wei Qian，Xing Huang. Invention of cast iron smelting in early China：Archaeological survey and numerical simulation [J]．Advances in Archaeomaterials，2021（2）：4-14.